VDE-Schriftenreihe **159**

VDE-Schriftenreihe Normen verständlich **159**

Beiblatt 5 der DIN VDE 0100

Leitfaden zur Planung von Niederspannungsnetzen

Theorie, Normen und Praxis unter Berücksichtigung der DIN VDE 0100 und DIN EN 60909-0 (VDE 0102)

Prof. Dr.-Ing. Ismail Kasikci

2., überarbeitete Auflage

VDE VERLAG GMBH

ICS 17.220.01; 29.120.50; 91.140.50

Bibliografische Information der Deutschen Nationalbibliothek
Die Deutsche Nationalbibliothek verzeichnet diese Publikation in der Deutschen Nationalbibliografie; detaillierte bibliografische Daten sind im Internet über http://portal.dnb.de abrufbar.

ISBN 978-3-8007-6210-1 (Buch)
ISBN 978-3-8007-6211-8 (E-Book)
ISSN 0506-6719

Satz: Text- und Software-Service Manuela Treindl, Fürth
Druck: Buch- und Offsetdruckerei H. Heenemann GmbH & Co. KG, Berlin
Printed in Germany 2023-10

Inhalt

Vorwort

In der vorliegenden 2. Auflage wurden im Wesentlichen die Begriffe ergänzt und die Umwandlung von Widerständen erklärt. Die Anregungen von unseren Lesern wurden berücksichtigt und kleine Tippfehler beseitigt.

Das Beiblatt 5 zu DIN VDE 0100 enthält fast alle wichtigsten Themen zur Berechnung und Dimensionierung von Stromkreisen in der Niederspannung. Es ist nicht leicht, z. B. komplexe Rechnungen wegzulassen. Denn die Berechnung der Kurzschlussströme ist ohne die symmetrischen Komponenten nicht möglich. Deswegen wurden alle Bereiche der Anwendungen in der Praxis mit den jeweiligen Berufsniveaus dabei berücksichtigt und umfangreiche Beispiele aufgezeigt.

Technische Regelwerke (z. B. IEC-, EN-, DIN-VDE-Normen) unterliegen einem ständigen Wandel. Elektromeister, Techniker und Elektroingenieure haben wenig Zeit, sich jeden Tag mit den Normen und Neuerungen zu beschäftigen, erschwerend kommt hinzu, dass Planung, Projektierung und Durchführung von Elektroinstallationen sehr komplex und umfangreich geworden sind.

Normen werden an den Hochschulen kaum erklärt oder erwähnt und in den Berufsschulen werden Normen leider oft – anders als früher – nicht ausreichend behandelt. Beiblatt 2 zu DIN VDE 0100, Beiblatt 3 zu DIN 57100 (**VDE 0100**) und Beiblatt 5 zu DIN VDE 0100 sind vor diesem Hintergrund für Meister, Techniker und Elektroingenieure ein wichtiges Hilfsmittel, um praktische Arbeiten durchführen zu können und sich in der umfangreichen Normenreihe DIN VDE 0100 „Errichten von Niederspannungsanlagen" mit den wichtigsten Teilen zurechtzufinden.

In diesem Buch wird das Beiblatt 5 zu DIN VDE 0100:2021-06 vorgestellt, vertieft und mit Beispielen aus der Praxis erklärt. Das neue Beiblatt 5 dient dem Ziel, dem Normenanwender bei der Planung, Errichtung und Installation, aber auch bei der Nutzung elektrischer Anlagen, zusammenfassende Hinweise, bezogen auf die Anlagensicherheit und Auswahl und Koordinierung der Betriebsmittel eines Stromkreises, wie Schalt- und Schutzgeräte sowie Kabel-, Leitungs- und Schienenanlagen, zu geben.

Hierfür sind unterschiedliche derzeit gültige Normen, z. B. DIN VDE 0100 und DIN EN 60909-0 (**VDE 0102**) sowie allgemeine technische Regeln einzuhalten und anzuwenden, die am Ende des Buches zusammengestellt und ausführlich mit praktischen Beispielen erklärt sind.

Allen meinen Fachkollegen und Bekannten, die mich durch ihre Anregungen, Kritiken und Vorschläge bei der Erarbeitung dieses Fachbuches unterstützt haben, bin ich sehr verbunden.

Dank gebührt auch dem VDE VERLAG und insbesondere Herrn *Michael Kreienberg* für die Unterstützung bei der Veröffentlichung des Buches. Darüber hinaus danke ich den Fachkollegen des DKE-Arbeitskreises AK 221.2.7 für die gute Zusammenarbeit und für das Gelingen des Beiblatts 5 der DIN VDE 0100.

Beim Verfassen eines Buches lassen sich an der einen oder anderen Stelle Schreibfehler nicht vermeiden, wofür ich Sie um Nachsicht bitte.

Bei Fragen, Wünschen und Anregungen wenden Sie sich bitte gern an mich.

Weinheim, Oktober 2023 *Ismail Kasikci*

1 Einführung

Das vorliegende Buch ist ein wertvolles Hilfsmittel für Elektroingenieure und Techniker aus der Industrie, dem Handwerk, Behörden, Netzbetreiber, Ingenieurbüros, Sachverständige, aus den Bereichen Netzschutz, Planung und Betrieb, Planer, Lehrkräfte und Studenten an Universitäten und Hochschulen der Elektrotechnik. Das Buch ist jedoch kein Ersatz für die angegebenen und beschriebenen Normen.

Zahlreiche Beispiele aus der Praxis vertiefen die theoretischen Grundlagen. Viele Diagramme und Tabellen, die man zur Berechnung braucht, erleichtern die Anwendung des Beiblatts 5 der DIN VDE 0100 und vermindern so den Zeitaufwand für die Projektierung von elektrischen Anlagen.

1.1 Vorstellung des Beiblatts 5 der DIN VDE 0100

Das Beiblatt 5 der DIN VDE 0100 dient dem Ziel, dem Normenanwender bei der Planung, Errichtung und Installation, aber auch bei der Nutzung elektrischer Anlagen, zusammenfassende Hinweise, bezogen auf die Auswahl und Koordinierung der Betriebsmittel eines Stromkreises, wie Schalt- und Schutzgeräte sowie Kabel-, Leitungs- und Schienenanlagen zu geben.

Hierfür sind unterschiedliche, derzeit gültige Normen, Bestimmungen, z. B. DIN VDE 0100, DIN EN 60909-0 (**VDE 0102**) und allgemeine technische Regeln einzuhalten und anzuwenden.

Folgende Themen werden in diesem Buch behandelt:

- Einführung in die Norm, Zusammenfassung der wichtigsten Änderungen und Begriffe,
- Dimensionierung und Koordinierung von Stromkreisen,
- Überprüfung von Stromkreisen bei Überströmen,
- Bestimmung der max. Grenzlängen,
- Bestimmung des erforderlichen Fehlerstroms,
- Bestimmung der Grenzlänge beim Spannungsfall,
- Überprüfung der Selektivität,
- Betriebsmitteldaten und deren Anwendung.

Je mehr Normen und Vorschriften sich ändern, desto wichtiger ist es, dass sich Elektrofachkräfte den Stand der Technik durch weiterbildende Maßnahmen aneignen. Hierzu sei auf die „Grundsätze für die Zusammenarbeit von Netzbetreibern und dem Elektrotechniker-Handwerk bei Arbeiten an elektrischen Anlagen gemäß Niederspannungsanschlussverordnung (NAV)“ des BDEW Bundesverband der Energie- und Wasserwirtschaft e. V. und dem Zentralverband der Deutschen Elektro- und Informationstechnischen Handwerke (ZVEH) aus dem Jahr 2008 verwiesen.

Im Abschnitt 3 „Aufgaben, Rechte und Pflichten des eingetragenen Installationsunternehmens“ dieser Grundsätze heißt es: *„Das eingetragene Installationsunternehmen informiert sich in angemessener Weise über die Verordnungen des Gesetzgebers, die einschlägigen DIN- und DIN-VDE-Bestimmungen sowie die Technischen Anschlussbedingungen (TAB) und sonstigen besonderen Vorschriften des Netzbetreibers, in dessen Netzgebiet er tätig ist.“*

Warum sind der Schutz und richtige Auslegung der elektrischen Anlagen so wichtig?

1. Elektrische Anlagen sind so zu dimensionieren, dass weder Personen noch Sachwerte gefährdet werden. Schutz der Personen hat den Vorrang vor Funktion.
2. Jede installierte Anlage muss nicht nur dem normalen Betriebszustand genügen, sie ist auch für Störfälle auszulegen.
3. Die Wirtschaftlichkeit und Sicherheit der Anlagen ist stark von der Beherrschung der Kurzschlussströme abhängig. Ohne Berechnung der Kurzschlussströme ist die Sicherheit der elektrischen Anlagen undenkbar.
4. Die Netzqualität ist wichtig für die Produktionsanlagen. Richtige Auslegung der Kabel- und Leitungsanlagen sowie die EMV-Verträglichkeit spielen dabei eine große Rolle.
5. Elektrische Systeme müssen als TN-S-System ausgeführt werden, damit die Störungen im Netz minimiert und auf dem Schutzleiter sowie auf mechanischen Konstruktionen keine Ableitströme entstehen können.

In der heutigen Zeit lassen sich die Berechnung von Kurzschlussströmen, die Bemessung und Auswahl von elektrischen Betriebsmitteln, die Berechnung der mechanischen und thermischen Kurzschlussfestigkeit, Selektivität und Back-up-Schutz zur Auswahl von Überstromschutzeinrichtungen sowie die Berechnung des Spannungsfalls mit geeigneter Software vornehmen und Übersichtsschaltpläne erstellen. Der Planer muss immer wieder die Ergebnisse seiner Berechnungen auf Plausibilität und Konformität mit normativen Festlegungen überprüfen.

1.2 Anwendung

DIN VDE 0100 Beiblatt 5 gilt für Niederspannungsanlagen bis einschließlich 1 kV. Abhängig von der Komplexität der elektrischen Anlagen kann unter bestimmten Voraussetzungen bei der Bestimmung und Überprüfung der Grenzlängen auf Computerprogramme oder in DIN VDE 0100 Beiblatt 5 enthaltene Tabellen zurückgegriffen werden.

Für die Planung und Projektierung von elektrischen Anlagen wird in DIN VDE 0100 Beiblatt 5 zwischen drei Anwendungsbereichen unterschieden:

1.2.1 Anwendungsbereich 1 – genaue Methode

Ausführungsbereich

Genaue Methode für komplexe und umfangreiche Anlagen, wenn die Tabellen in DIN VDE 0100 Beiblatt 5 nicht anwendbar sind.

Beispiele

- Anlagen, die Transformatoren und Generatoren enthalten,
- bei Rückleitung über reduzierten Querschnitt des Neutralleiters,
- Impedanzwinkel der Einspeise-Schleifenimpedanz abweichend von 28°,
- nicht berücksichtigte Schleifenimpedanzen.

1.2.2 Anwendungsbereich 2 – einfache Methode

Ausführungsbereich

Einfache Methode durch Berechnung und Anwendung der Tabellen A.12 bis A.15 und Tabellen A.16 bis A.21 in DIN VDE 0100 Beiblatt 5:2021-06 für die Grenzlängenbestimmung.

Beispiele

- bei Rückleitung über PEN, Neutralleiter N mit dem gleichen Querschnitt wie die Außenleiter,
- Impedanzwinkel der Einspeise-Schleifenimpedanz 28°, z. B. bei Kabelzuleitungen,
- Anschluss von Zweckbauten an die öffentliche Stromversorgung mit entsprechenden Kabelquerschnitten,

- Zuleitungen zu Etagenverteilern in großen Mehrfamilienhäusern und Zweckbauten für die Dimensionierung der Endstromkreise.

1.2.3 Anwendungsbereich 3 – Einfachstmethode

Ausführungsbereich

Einfachstmethode durch Anwendung der Tabellen in DIN VDE 0100 Beiblatt 5.

Beispiele

- In kleinen Anlagen, wie z. B. in Wohnungen, werden in der Regel von Elektrofachkräften aus wirtschaftlichen Gründen keine Softwareprogramme eingesetzt. Hier müssen Auswahltabellen für die Grenzlängen von Kabeln und Leitungen und Gerätekenngrößen mit spezifizierten Randparametern zu sicheren Installationen führen.
- Für die Auslegung von Kabel- und Leitungsanlagen sowie den Überstromschutzeinrichtungen für Wohnungen und ähnlich genutzte Gebäude.

Für die Anwendung von DIN VDE 0100 Beiblatt 5 wurde das in **Bild 1.1** gezeigte Prinzipschaltbild in diesem Buch zugrunde gelegt.

Die notwendige Vorimpedanz Z_V am Anschlusspunkt oder an der Einspeisung kann gemessen oder aus Betriebsmitteldaten berechnet werden. Die Vorgehensweise für die Berechnung und Dimensionierung des betrachteten Stromkreises kann wie folgt erfolgen:

1. Schritt: Berechnung der Vorimpedanz des Stromkreises oder Berechnung des unbeeinflussten Kurzschlussstroms für die dynamische Kurzschlussfestigkeit der Anlage.
2. Schritt: Bestimmung des Betriebsstroms I_B.
3. Schritt: Bestimmung des Bemessungsstroms der Überstromschutzeinrichtung I_n oder des Einstellstroms I_e.
4. Schritt: Bestimmung der Leiterquerschnitte.
5. Schritt: Überprüfung des Überlastschutzes $I_B \le I_n \le I_Z$; $I_n \le 1{,}45 \cdot I_Z$.
6. Schritt: Überprüfung des Kurzschlussschutzes $k^2 \cdot S^2 \ge I_t^2 \cdot t_k$.
7. Schritt: Bestimmung der zulässigen Grenzlänge bei Fehlerschutz l_{max}.
8. Schritt: Bestimmung der zulässigen Grenzlänge bei Spannungsfall.
9. Schritt: Überprüfung der Selektivität.
10. Schritt: Messung, Dokumentation und Abschluss.

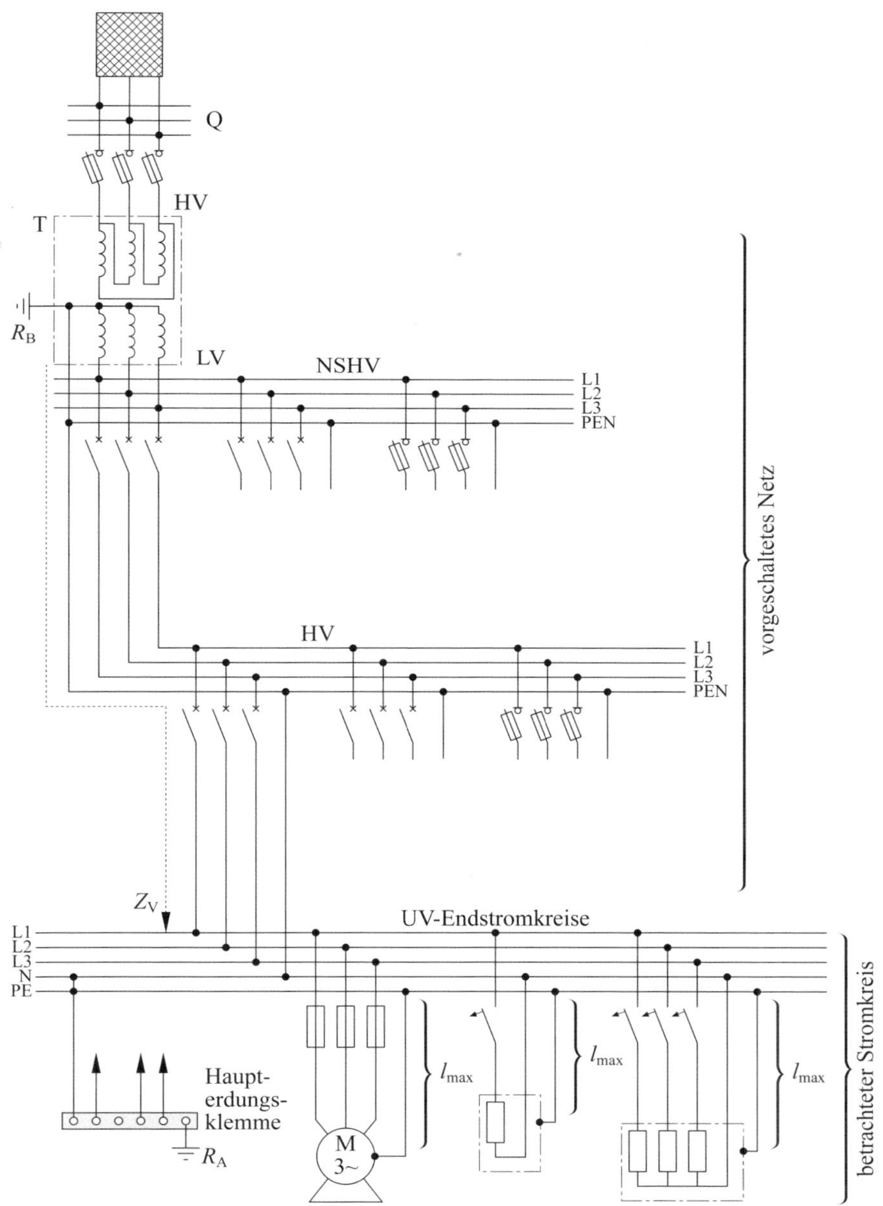

Bild 1.1 Prinzipschaltbild für die Bestimmung und die Koordination der Betriebsmittel eines Stromkreises

2 Kurzschlussberechnung

Die Grundlagen der Kurzschlussberechnung mit der Methode der Ersatzspannungsquelle an der Kurzschlussstelle findet man in DIN EN 60909-0 (**VDE 0102**). Dieses Verfahren stellt eine Vereinfachung dar, da die Berechnung unabhängig vom aktuellen Betriebszustand und von zukünftigen Lastflüssen geschieht.

Die elektrischen Betriebsmittelgrößen werden in die Berechnung einbezogen und alle Netzeinspeisungen, Generatoren und Motoren hinter ihren inneren Reaktanzen kurzgeschlossen. Die Ersatzspannungsquelle $c \cdot U_{\mathrm{n}} / \sqrt{3}$ ist dann die einzige treibende Spannung im Netz. Der größtmögliche Kurzschlussstrom I''_{k3} ist für die Bemessung der Betriebsmittel und der kleinste Kurzschlussstrom I''_{k1} für die Schutzmaßnahme „Schutz durch Abschaltung“ sowie für die Einstellung des Netzschutzes maßgebend.

Nach DIN VDE 0100-430:2010-10, Abschnitt 434.1 muss der Kurzschlussstrom für jede relevante Stelle der elektrischen Anlage berechnet werden. Dabei werden folgende Parameter der Netzplanung untersucht:

- Bestimmung der dynamischen und thermischen Beanspruchung der Betriebsmittel,
- Auslegung und Einstellung des Netzschutzes,
- Berechnung des erforderlichen Ein- und Ausschaltvermögens der Leistungsschalter,
- Beurteilung der Art der Sternpunktbehandlung,
- Prüfung der zulässigen Erder- und Berührungsspannungen.

Die Berechnung der Kurzschlussströme und ihrer Wirkungen wird in verschiedenen Teilen der Normen DIN EN 60909-0 (**VDE 0102**), DIN EN 61660-1 (**VDE 0102-10**), DIN EN 61660-2 (**VDE 0103-10**) und DIN EN 60865-1 (**VDE 0103**) behandelt. Bei der Berechnung der Kurzschlussströme nach diesen Normen wird nicht der zeitliche Verlauf des Kurzschlussstroms berechnet, sondern einzelne Parameter, die für die Auslegung der Betriebsmittel und des Netzes maßgebend sind.

2.1 Begriffe und Definitionen

Für die Anwendung von DIN VDE 0100 Beiblatt 5 werden folgende Begriffe verwendet:

- **Anfangskurzschlusswechselstrom** I_k'' : Das ist der Effektivwert des Kurzschlusswechselstroms im Augenblick des Kurzschlusseintritts, wenn die Kurzschlussimpedanz ihre Größe zum Zeitpunkt null beibehält.
- **Anfangskurzschlusswechselstromleistung** S_k'': Die Kurzschlussleistung S_k'' stellt eine fiktive Rechengröße dar, berechnet als Produkt aus dem Anfangskurzschlusswechselstrom I_k'', der Netznennspannung U_n und dem Faktor $\sqrt{3}$. Die Anfangskurzschlusswechselstromleistung wird nicht mehr für die Berechnungen in IEC 60909 verwendet. Falls die Anfangskurzschlusswechselstromleistung eine Anwendung findet, dann sollte die Form S_{kQ}'' am Anschlusspunkt des Ersatznetzes benutzt werden.
- **Ausschaltwechselstrom** I_a: Effektivwert des Kurzschlussstroms, der zum Zeitpunkt der ersten Kontakttrennung über den Schalter fließt.
- **Dauerkurzschlussstrom** I_k: Effektivwert des Kurzschlusswechselstroms, der nach Abklingen aller Ausgleichsvorgänge bestehen bleibt.
- **Ersatzspannungsquelle** $\frac{c \cdot U_n}{\sqrt{3}}$: Die Spannung an der Kurzschlussstelle, die im Mitsystem als einzige wirksame Spannung eingeführt und zur Berechnung der Kurzschlussströme verwendet wird.
- **Generatorferner Kurzschluss**: Die Größe der symmetrischen Wechselstromkomponente bleibt im Wesentlichen konstant.
- **Generatornaher Kurzschluss**: Die Größe der symmetrischen Wechselstromkomponente bleibt nicht konstant. Die Synchronmaschine liefert einen Anfangskurzschlusswechselstrom, der größer ist als das Doppelte des Bemessungsstroms der Synchronmaschine.
- **Gleichstromglied** i_{DC}: Mittelwert der oberen und unteren Hüllkurve des Kurzschlussstroms, der langsam auf null abklingt.
- **Kurzschluss**: Zufällige oder beabsichtigte leitfähige Verbindung zwischen zwei oder mehr leitfähigen Teilen (z. B. dreipoliger Kurzschluss), durch die die elektrischen Potentialdifferenzen zwischen diesen leitfähigen Teilen zu null oder nahezu zu null erzwungen werden.
- **Kurzschlussgegenimpedanz** $\underline{Z}_{(2)}$: Impedanz des Gegensystems von der Kurzschlussstelle aus betrachtet.

- **Kurzschlussimpedanz** $\underline{Z}_{(\mathrm{k})}$: Abgekürzte Bezeichnung für die Kurzschlussmitimpedanz $\underline{Z}_{(1)}$ zur Berechnung dreipoliger Kurzschlussströme.
- **Kurzschlussmitimpedanz** $\underline{Z}_{(1)}$: Impedanz des Mitsystems von der Kurzschlussstelle aus betrachtet.
- **Kurzschlussnullimpedanz** $\underline{Z}_{(0)}$: Impedanz des Nullsystems von der Kurzschlussstelle aus betrachtet. Sie enthält den dreifachen Wert der Impedanz $\underline{Z}_{\mathrm{N}}$ zwischen Neutralpunkt und Erde.
- **Kurzschlussstrom**: Nach DIN EN 60909-0 (**VDE 0102**) wird ein Kurzschlussstrom hervorgerufen durch einen Kurzschluss in einem elektrischen Netz.
- **Spannungsfaktor** $\frac{c \cdot U_{\mathrm{n}}}{\sqrt{3}}$: Verhältnis zwischen der Ersatzspannungsquelle und der Netznennspannung U_{n} dividiert durch $\sqrt{3}$. Die Einführung des Spannungsfaktors c ist aus verschiedenen Gründen notwendig. Diese sind:
  - Spannungsänderungen abhängig von der Zeit und dem Ort;
  - Änderung der Stellung von Transformatorstufenschaltern;
  - Vernachlässigung der Lasten und Kapazitäten bei der Berechnung nach DIN VDE 0100 Beiblatt 5:2021-06, Abschnitt 5.2;
  - DIN EN 60909-0 (**VDE 0102**);
  - das subtransiente Verhalten von Generatoren und Motoren.
- **Stoßkurzschlussstrom** i_{p}: Größtmöglicher Augenblickswert des auftretenden Kurzschlussstroms.
- **Thermisch gleichwertiger Kurzschlussstrom** I_{th}: Effektivwert eines Stroms mit der gleichen thermischen Wirkung und der gleichen Dauer wie der tatsächliche Kurzschlussstrom, der einen Gleichstromanteil enthalten und mit der Zeit abklingen kann.

Den zeitlichen Verlauf des Anfangskurzschlusswechselstroms vom Beginn des Kurzschlusses bis zum Ende, abhängig vom Augenblickswert der Spannung beim Eintritt des Kurzschlusses, zeigt **Bild 2.1**. Für eine vollständige Berechnung des Kurzschlusses ist es nicht notwendig, diesen Verlauf heranzuziehen. In diesem Buch werden nun die Grundlagen der Kurzschlussstromberechnung anhand dieser Vorgabe kurz erklärt.

Unterschiedliche Kurzschlussarten (**Bild 2.2**) werden mithilfe des Verfahrens der symmetrischen Komponenten berechnet, das nicht Gegenstand dieses Buchs ist.

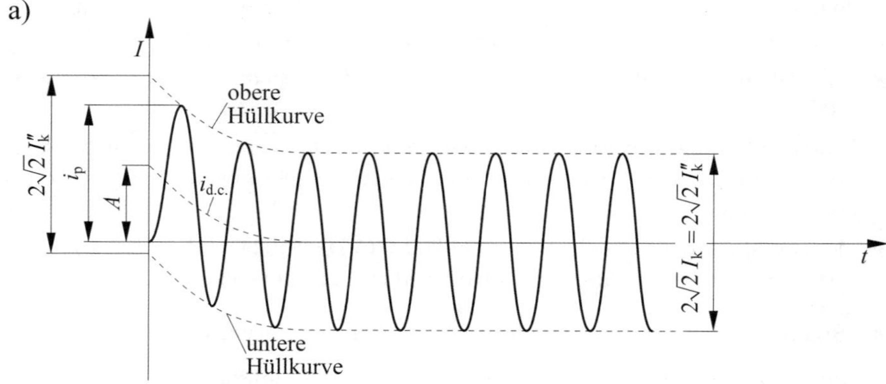

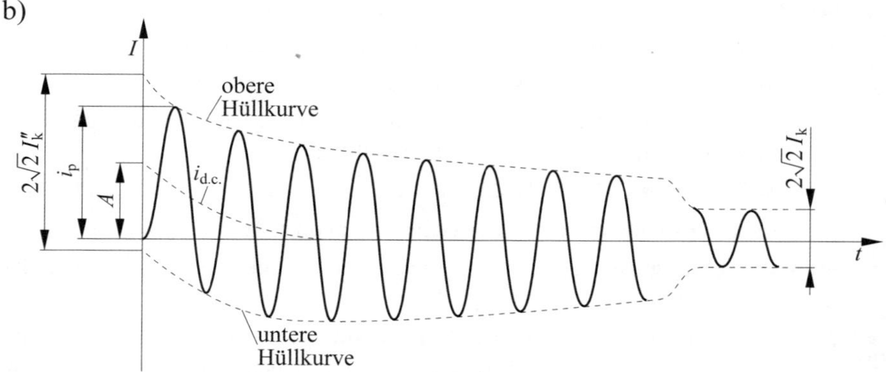

Bild 2.1 Zeitlicher Verlauf des Kurzschlussstroms –
a) generatorferner Kurzschluss,
b) generatornaher Kurzschluss;
I''_k Anfangskurzschlusswechselstrom; i_p Stoßkurzschlussstrom; I_k Dauerkurzschlussstrom; $i_{d.c.}$ abklingende Gleichstromkomponente; A Anfangswert der Gleichstromkomponente

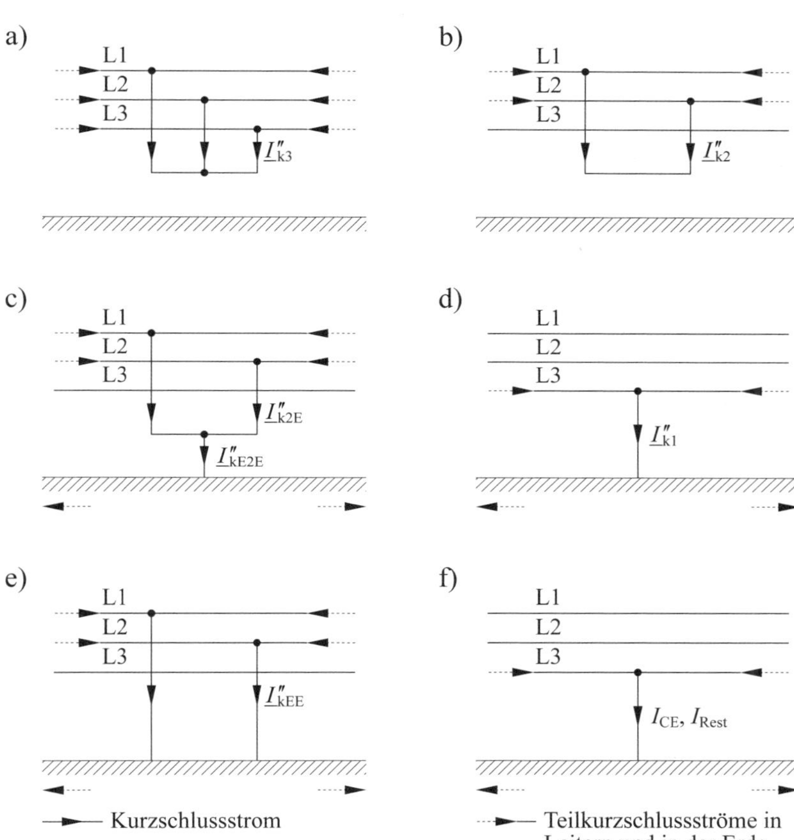

Bild 2.2 Beschreibung der Kurzschlüsse und ihrer Ströme –

a) dreipoliger Kurzschluss,
b) zweipoliger Kurzschluss ohne Erdberührung,
c) zweipoliger Kurzschluss mit Erdberührung,
d) einpoliger Erdkurzschluss,
e) Doppelerdkurzschluss,
f) kapazitiver Erdschlussstrom I_{CE} bzw. Erdschlussreststrom I_{Rest}

2.2 Verfahren der Ersatzspannungsquelle

Der Kurzschlussstrom an der Fehlerstelle F wird mithilfe der Ersatzspannungsquelle (**Bild 2.3c**) berechnet. Sie ist die einzige wirksame Spannung des Netzes an der Kurzschlussstelle F. Alle anderen Spannungen der Betriebsmittel werden hinter ihren Innenimpedanzen kurzgeschlossen.

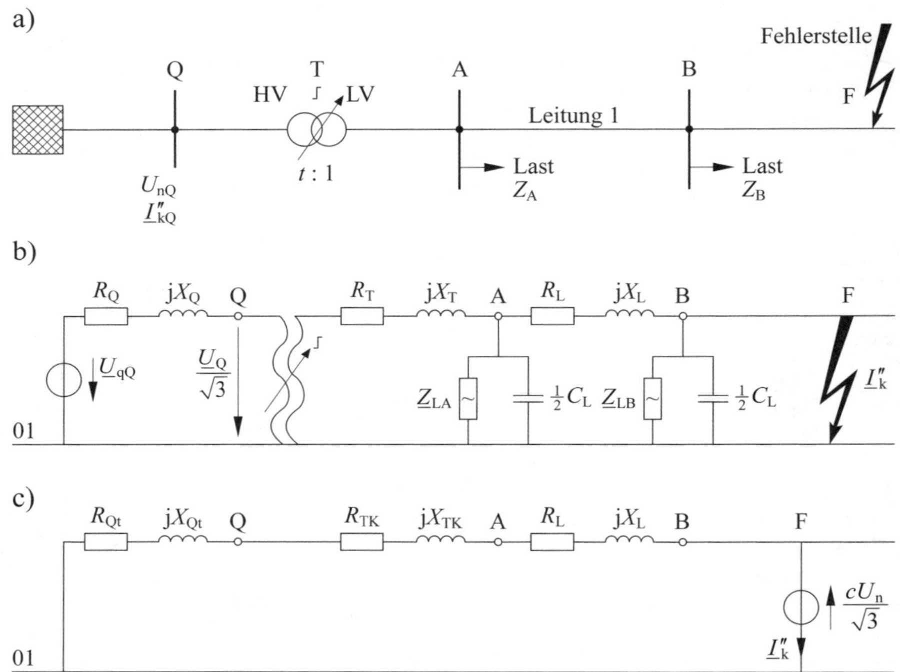

Bild 2.3 Ersatzschaltplan zur Berechnung des Kurzschlussstroms [1] –
a) Aufbau des Netzschaltplans,
b) Ersatzschaltplan im Mitsystem mit der Leitungskapazität und der nicht motorischen Last,
c) Ersatzschaltplan im Mitsystem mit dem Verfahren der Ersatzspannungsquelle

Die Kurzschlussimpedanz an der Fehlerstelle nach Bild 2.3 beträgt:

$$\underline{Z}_{\mathrm{k}} = \left(R_{\mathrm{Qt}} + R_{\mathrm{T}} + R_{\mathrm{L}}\right) + \mathrm{j}\left(X_{\mathrm{Qt}} + X_{\mathrm{T}} + X_{\mathrm{L}}\right) \tag{2.1}$$

Das Bild 2.3 zeigt das Ersatzschaltbild im Mitsystem für die Berechnung des dreipoligen Kurzschlussstroms an der Fehlerstelle. Dabei gilt $\underline{Z}_{\mathrm{Qt}} = \underline{Z}_{\mathrm{Q}} / t_{\mathrm{r}}^2$ und mit dem Korrekturfaktor der Impedanz des Transformators $\underline{Z}_{\mathrm{KT}} = K_{\mathrm{T}}\, \underline{Z}_{\mathrm{T}}$, bezogen auf die Unterspannungsseite des Transformators. Die Kapazitäten und nicht motorischen Verbraucher sind vernachlässigt. Die Spannungsquelle wird kurzgeschlossen und an der Kurzschlussstelle wird $c \cdot U_{\mathrm{n}} / \sqrt{3}$ als Ersatzspannungsquelle eingeführt [2], [3].

Der Netzschaltplan im Bild 2.3a kann im Mitsystem mit der treibenden Spannung $\underline{U}_{\mathrm{qQ}}$ hinter der Ersatznetzimpedanz $\underline{Z}_{\mathrm{Q}}$ und der Transformatornachbildung, bestehend aus einem idealen Übertrager mit dem Übersetzungsverhältnis t hinter der Ersatznetzimpedanz $\underline{Z}_{\mathrm{T}}$ auf der Unterspannungsseite, dargestellt werden:

$$t_{\mathrm{r}} = \frac{U_{\mathrm{rTHV}}\left(\pm p_{\mathrm{T}}\right)}{U_{\mathrm{rTLV}}} \tag{2.2}$$

Die Einführung des Spannungsfaktors c ist aus folgenden Gründen notwendig (**Tabelle 2.1**):

- unterschiedliche Spannungen im Netz,
- subtransientes Verhalten von Generatoren, Kraftwerksblöcken und Motoren,
- Vernachlässigung der Lasten und Leitungskapazitäten,
- Vernachlässigung des stationären Betriebszustands.

Folgende Bedingungen sind bei der Berechnung der kleinsten und größten Kurzschlussströme zu beachten [2]:

Kleinste Kurzschlussströme

- Spannungsfaktor c_{min} nach Tabelle 2.1 ist einzuführen.
- Motoren sind zu vernachlässigen.
- Die Resistanzen (Wirkwiderstände) von Leitungen (Freileitungen und Kabel) sind bei einer Kurzschlusstemperatur am Ende des Kurzschlusses einzuführen.
- Es sollen die Netzschaltung und die minimalen Kraftwerks- und Netzeinspeisungen gewählt werden, die zu Kleinstwerten des Kurzschlussstroms an der Kurzschlussstelle führen.
- Bei der Netzersatzdarstellung ist in diesem Fall von $\underline{I}''_{\mathrm{kQmin}}$ bzw. $\underline{Z}_{\mathrm{Qmax}}$ auszugehen.

Größte Kurzschlussströme

- Spannungsfaktor c_{max} nach Tabelle 2.1 ist einzuführen.
- Es sollen die Netzschaltung und die max. Kraftwerks- und Netzeinspeisungen gewählt werden, die zu Höchstwerten des Kurzschlussstroms an der Kurzschlussstelle führen oder die Netzschaltung für die vorgesehene Netzteilung zur Begrenzung der Kurzschlussströme.
- Wenn Ersatzimpedanzen Z_Q zur Nachbildung von Netzeinspeisungen verwendet werden, so soll die kleinste Kurzschlussimpedanz entsprechend dem größten Kurzschlussstrombeitrag der Netzeinspeisung gewählt werden.
- Motoren sollen berücksichtigt werden.
- Die Resistanzen (Wirkwiderstände) von Leitungen (Freileitungen und Kabel) sind bei einer Temperatur von 20 °C einzuführen.

Nennspannung U_n	**Spannungsfaktor *c* zur Berechnung des größten Kurzschlussstroms** c_{max} [a)]	**Spannungsfaktor *c* zur Berechnung des kleinsten Kurzschlussstroms** c_{min}
Niederspannung		
100 V bis 1 000 V (DIN EN 60038 (**VDE 0175-1**):2012-04, Tabelle 1)	1,05 [c)] 1,10 [d)]	0,95 0,9 [d)]
Mittelspannung		
> 1 kV bis 35 kV (DIN EN 60038 (**VDE 0175-1**):2012-04, Tabelle 3)	1,10	1,00
Hochspannung [b)]		
> 35 kV bis 230 kV (DIN EN 60038 (**VDE 0175-1**):2012-04, Tabelle 4)	1,10	1,00

a) $c_{max} \cdot U_n$ sollte die höchste Spannung U_m für Betriebsmittel in Netzen nicht überschreiten.

b) Wenn keine Nennspannung genormt ist, sollte $c_{max} \cdot U_n = U_m$ oder $c_{max} \cdot U_n = 0{,}9 \cdot U_m$ angenommen werden

c) Für Niederspannungsnetze mit einer Toleranz von +6 %, z. B. für Netze, die von 380 V auf 400 V umbenannt wurden.

d) Für Niederspannungsnetze mit einer Toleranz von ± 10 %

Tabelle 2.1 Spannungsfaktor *c* nach DIN EN 60909-0 (**VDE 0102**)

2.3 Kurzschlussimpedanzen der Betriebsmittel

Im Allgemeinen ist die Kurzschlussleistung des Netzes bekannt und in Mittelspannungsversorgungsanlagen (z. B. für 20 kV: 500 MVA und für 10 kV: 350 MVA) angegeben. Diese Angabe steht nicht mehr in DIN EN 60909-0 (**VDE 0102**). Vielmehr ist der Anfangskurzschlusswechselstrom I''_{kQ} für die Berechnung heranzuziehen. Als Betriebsmittel kommen im Netz Generatoren, Transformatoren, Leitungen und Kabel, Motoren und andere Verbraucher vor. Zur Ermittlung der Kurzschlussströme werden in diesem Kapitel Impedanzen und Ersatzschaltbilder von Drehstrombetriebsmitteln diskutiert.

2.3.1 Netzeinspeisung

Die Netzinnenimpedanz Z_Q am Anschlusspunkt Q wird mit der Anfangskurzschlusswechselstromleistung S''_{kQ} oder dem Anfangskurzschlusswechselstrom I''_{kQ} berechnet (**Bild 2.4**).

Bild 2.4 Netzeinspeisung

$$S''_{kQ} = \sqrt{3}\, U_{nQ}\, I''_{kQ} \tag{2.3}$$

$$Z_Q = \frac{c\, U_{nQ}}{\sqrt{3}\, I''_{kQ}} = \frac{c\, U^2_{nQ}}{S''_{kQ}} \tag{2.4}$$

Wenn R_Q / X_Q bekannt ist, dann soll X_Q wie folgt berechnet werden:

$$X_Q = \frac{Z_Q}{\sqrt{1 + \left(R_Q / X_Q\right)^2}} \tag{2.5}$$

Zusätzlich kann man noch angeben:

$$I''_{kQ\,max} = \frac{c_{max}\, U_{nQ}}{\sqrt{3}\, Z_{Q\,min}} \tag{2.6}$$

$$I''_{\mathrm{kQmin}} = \frac{c_{\min} U_{\mathrm{nQ}}}{\sqrt{3}\, Z_{\mathrm{Qmax}}} \tag{2.7}$$

Die Umrechnung der Netzinnenimpedanz auf die Unterspannungsseite des Transformators lautet:

$$Z_{\mathrm{Qt}} = \frac{c\, U_{\mathrm{nQ}}}{\sqrt{3}\, I''_{\mathrm{kQ}}} \frac{1}{t_{\mathrm{r}}^2} \tag{2.8}$$

Wenn der Widerstand der Netzeinspeisung R_{Q} nicht bekannt ist, kann dafür eingeführt werden:

$$X_{\mathrm{Q}} = 0{,}995\, Z_{\mathrm{Q}} \tag{2.9}$$

$$R_{\mathrm{Q}} = 0{,}1\, X_{\mathrm{Q}} \tag{2.10}$$

Mit:

I''_{kQ} Anfangskurzschlusswechselstrom,

S''_{kQ} Anfangskurzschlusswechselleistung,

t_{r} Bemessungsübersetzungsverhältnis, bei dem der Stufenschalter auf der Hauptanzapfung steht,

U_{nQ} Nennspannung des Netzes am Anschlusspunkt Q

2.3.2 Synchrongeneratoren

Im Allgemeinen bildet man für die Berechnung des Anfangskurzschlusswechselstroms I''_{kG} an den Klemmen des Generators den subtransienten Teil der Ersatzschaltung mit E'' (**Bild 2.5**).

Synchrongenerator
(Synchronmotor)

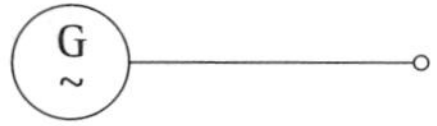

Bild 2.5 Synchrongenerator

Für Niederspannungsgeneratoren $U_{rG} < 1\,000$ V gilt:

$$R_{Gf} = 0,15\,X'_d \tag{2.11}$$

Für Hochspannungsgeneratoren $U_{rG} > 1$ kV gilt mit $S_{rG} \geq 100$ MVA:

$$R_{Gf} = 0,05\,X''_d \tag{2.12}$$

und mit $U_{rG} > 1$ kV gilt mit $S_{rG} < 100$ MVA:

$$R_{Gf} = 0,07\,X'_d \tag{2.13}$$

$$X''_d = \frac{x''_d \cdot U^2_{rG}}{100\,\% \cdot S_{rG}} \tag{2.14}$$

Mit:

R_{Gf} fiktive Resistanz des Generators,

X''_d subtransiente Reaktanz,

x''_d Anfangsreaktanz in %,

Z_G Impedanz des Generators

DIN VDE 0100 Beiblatt 5:2021-06, Tabelle A.13 gibt Näherungswerte für minimale drei- und einpolige Dauerkurzschlussströme und die dazugehörigen Impedanzen bzw. Schleifenimpedanzen an einer NS-Hauptverteilung bei Speisung mit ein bis drei Generatoren bis 500 kVA (**Bild 2.6**).

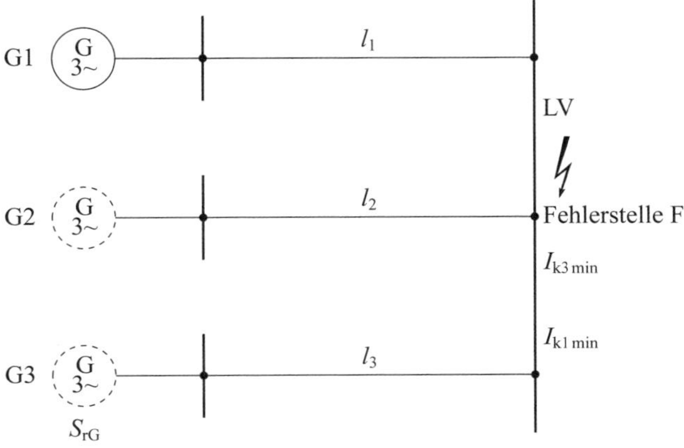

Bild 2.6 Kurzschlussströme von Generatoren

DIN VDE 0100 Beiblatt 5:2021-06, Tabelle A.14 gibt Näherungswerte für minimale drei- und einpolige Dauerkurzschlussströme und die dazugehörigen Impedanzen bzw. Schleifenimpedanzen an einer NS-Hauptverteilung bei Speisung mit ein bis drei Generatoren über 630 kVA (Bild 2.6).

Bei den Berechnungen wurden folgende Werte zugrunde gelegt:
Die Zuleitung von Generator bis NS-Hauptverteilung beträgt 10 m.

Die Nennspannung der Niederspannung ist $U_n = 400$ V.

In der Praxis ist es üblich, dass die Hersteller von Netzersatzanlagen bzw. von Generatoren Angaben über Kurzschlussströme machen. Wenn keine weiteren Daten vorliegen, können folgende Werte angenommen werden (siehe auch DIN VDE 0100 Beiblatt 5):

Für den dreipoligen Kurzschlussstrom: $I_{k3} \approx 3 \cdot I_{rG}$.
Für den einpoligen Kurzschlussstrom: $I_{k1} \approx 5 \cdot I_{rG}$.

Nachfolgend sind verschiedene Kennwerte (subtransiente, transiente und synchrone Längsreaktanz) zur Berechnung von Reaktanzen in Synchronmaschinen angegeben (**Tabelle 2.2**).

Generatorbauart	**Turbogenerator**	**Schenkelpolgeneratoren**	
		mit Dämpferwicklung	**ohne Dämpferwicklung**
Subtransiente (Anfangsreaktanz) Reaktanz (gesättigt) x''_d in %	9 … 22	12 … 30	20 … 40
Übergangsreaktanz (gesättigt) x'_d in %	14 … 35	20 … 45	20 … 40
Synchronreaktanz (ungesättigt) x_d in %	140 … 300	80 … 180	80 … 180
Gegenreaktanz x_2 in %	9 … 22	12 … 30	20 … 40
Nullreaktanz x_0 in %	3 … 10	5 … 20	5 … 25
Subtransiente Zeitkonstante T''_d in s	0,06 … 0,1	0,04 … 0,08	–
Transiente Zeitkonstante T'_d in s	0,5 … 1,8	0,9 … 2,5	0,7 … 2,5
Gleichstromzeitkonstante $T_{d.c.}$ in s	0,05 … 0,3	0,1 … 0,3	0,15 … 0,5

Tabelle 2.2 Reaktanzen von Synchronmaschinen

Sie sind wirksam beim Kurzschlusseintritt (X''_d) für I''_{k3}, während des Abklingens des Kurzschlusswechselstroms (X'_d) und im synchronen Betrieb des Generators (X_d) für Dauerkurzschlussstrom.

2.3.3 Transformatoren

Die Kurzschlussspannung ist die Primärspannung, bei der der Transformator mit kurzgeschlossener Ausgangswicklung bereits seinen Primärstrom aufnimmt. Sie ist ein Maß für die bei Belastung auftretende Spannungsänderung. Nach **Bild 2.7** kann die Kurzschluss-Mitimpedanz des Transformators wie folgt berechnet werden:

$$\underline{Z}_1 = \underline{Z}_\mathrm{T} = R_\mathrm{T} + \mathrm{j}X_\mathrm{T} \tag{2.15}$$

$$Z_\mathrm{T} = \frac{u_\mathrm{kr}\, U_\mathrm{rT}^2}{100\,\%\; S_\mathrm{rT}} \tag{2.16}$$

$$R_\mathrm{T} = \frac{u_\mathrm{Rr}\, U_\mathrm{rT}^2}{100\,\%\; S_\mathrm{rT}} = \frac{P_\mathrm{krT}}{3\, I_\mathrm{rT}^2} \tag{2.17}$$

$$X_\mathrm{T} = \sqrt{Z_\mathrm{T}^2 - R_\mathrm{T}^2} \tag{2.18}$$

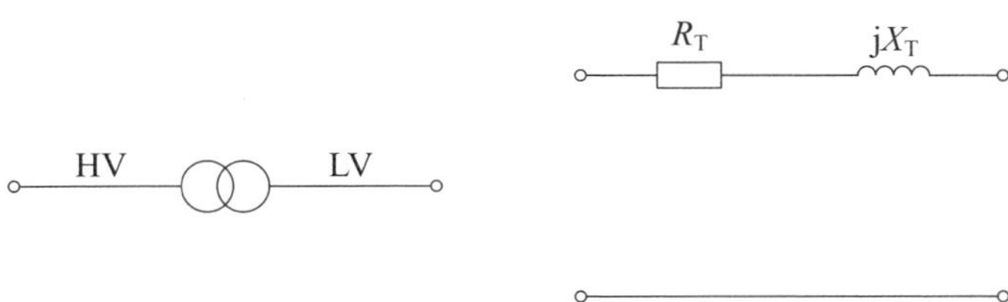

Bild 2.7 Transformator und seine Ersatzschaltung

Das TN-System ist im Bereich der industriellen und öffentlichen NS-Netze meist die bevorzugte Systemart. Der Fehlerstrom fließt in diesem Fall über den Schutzleiter (PEN oder PE). Die Kennwerte von Drehstrom-Verteilungstransformatoren lassen sich DIN EN 50588-1 entnehmen. Für die Berechnung der Nullwiderstände kann man die **Tabelle 2.3** benutzen.

Nullwiderstände	Dy	Dz, Yy
R_0T	R_T	$0{,}4 \cdot R_\mathrm{T}$
X_0T	$0{,}95 \cdot X_\mathrm{T}$	$0{,}1 \cdot X_\mathrm{T}$

Tabelle 2.3 Nullwiderstände von Transformatoren

Die Wirk- und Blindwiderstände von Transformatoren können auch **Bild 2.8** entnommen werden.

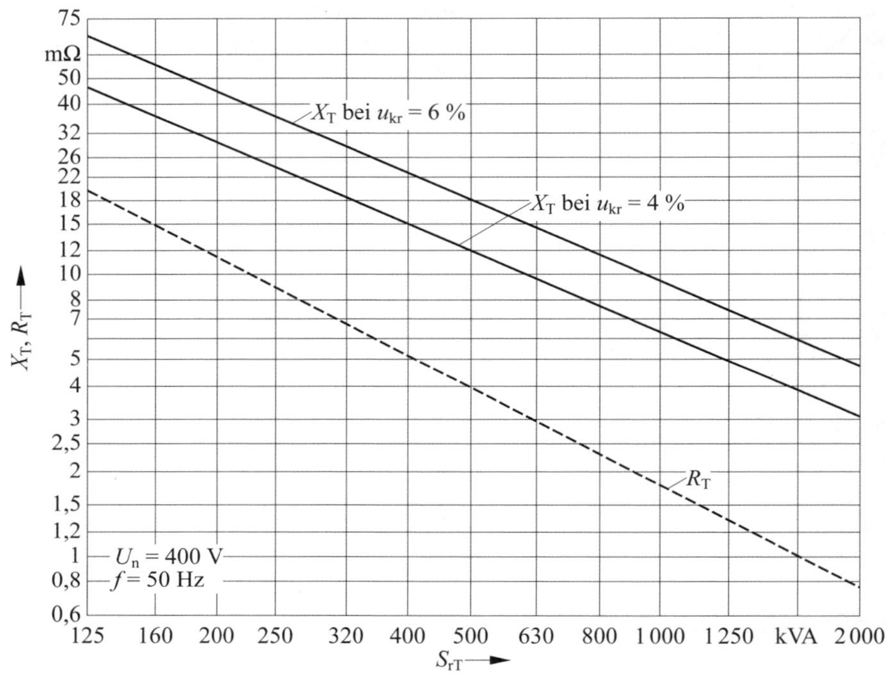

Bild 2.8 Wirk- und Blindwiderstände von Transformatoren

Beispiel: Gegeben ist ein Transformator mit einer Bemessungsleistung von 400 kVA und u_{kr} = 4 %. Wir bestimmen vom Diagramm für diese Leistung R_T und X_T: R_T = 5 mΩ und $X_T \approx$ 15 mΩ.

Es bedeuten:

U_{rT} Bemessungsspannung des Transformators auf der HV- oder LV-Seite,

I_{rT} Bemessungsstrom des Transformators auf der HV- oder LV-Seite,

S_{rT} Bemessungsscheinleistung des Transformators,

P_{krT} gesamte Wicklungsverluste des Transformators bei Bemessungsstrom,

u_{kr} Bemessungswert der Kurzschlussspannung in %,

u_{Rr} Bemessungswert des ohmschen Spannungsfalls in %,

R_{0T} Nullwirkwiderstand des Transformators,

R_T Wirkwiderstand des Transformators,

X_{0T} induktiver Nullwiderstand des Transformators,

X_T induktiver Widerstand des Transformators

DIN VDE 0100 Beiblatt 5:2021-06, Tabelle A.11 gibt Näherungswerte für max. und minimale drei- und einpolige Kurzschlussströme (**Bild 2.9**) und die dazugehörigen Impedanzen bzw. Schleifenimpedanzen an einer NS-Hauptverteilung bei Speisung mit ein bis drei Transformatoren mit einer Kurzschlussspannung $u_{kr} = 4\ \%$.

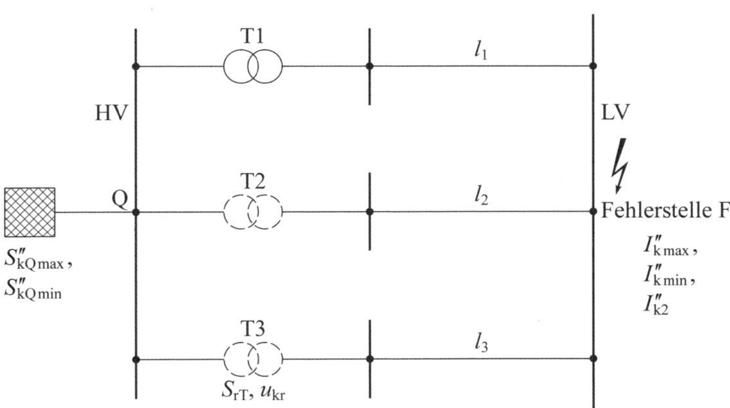

Bild 2.9 Kurzschlussströme von Transformatoren

DIN VDE 0100 Beiblatt 5:2021-06, Tabelle A.12 gibt Näherungswerte für max. und minimale drei- und einpolige Kurzschlussströme (Bild 2.9) und die dazugehörigen Impedanzen bzw. Schleifenimpedanzen an einer NS-Hauptverteilung bei Speisung mit ein bis drei Transformatoren mit einer Kurzschlussspannung $u_{kr} = 6\ \%$.

Bei den Berechnungen wurden folgende Werte zugrunde gelegt:

- Mittelspannung: $S_{k\,max} = 500\ \text{MVA}$, $S''_{k\,min} = 100\ \text{MVA}$;
- Transformator: Kurzschlussspannung $u_{kr} = 6\ \%$ und $u_{kr} = 4\ \%$, Schaltgruppe Dyn;
- Bemessungsspannung der Ober- und Unterspannungsseite entspricht den Nennspannungen der entsprechenden Spannungsebene Niederspannung;
- die Zuleitung vom Transformator bis zur NS-Hauptverteilung beträgt 10 m;
- die Nennspannung der Niederspannung $U_n = 400$ V;
- die c-Faktoren sind gemäß DIN EN 60909-0 (**VDE 0102**) berücksichtigt.

2.3.4 Leitungen und Kabel

Die Kurzschlussimpedanz von Freileitungen, Kabeln und Leitungen kann berechnet oder den Herstellerlisten entnommen werden.

Die Kurzschlussimpedanz im Mitsystem kann aus den Leiterdaten, den Tabellen, den Querschnitten und den Mindestabständen der Leiter berechnet werden.

$$\underline{Z} = R_{\mathrm{L}} + \mathrm{j}X_{\mathrm{L}} \tag{2.19}$$

ohmscher Widerstand:

$$R_{\mathrm{L}} = R'_{\mathrm{L}} \cdot l \tag{2.20}$$

induktiver Widerstand:

$$X_{\mathrm{L}} = X'_{\mathrm{L}} \cdot l \tag{2.21}$$

Wenn keine anderen Widerstandsbeläge vorliegen, kann man für Kabel und Leitungen den induktiven Widerstand $X'_{\mathrm{L}} \approx 0{,}08\ \mathrm{m\Omega/m}$ einsetzen.

Zur Berechnung des einpoligen Kurzschlussstroms wird nach DIN EN 60909-0 (**VDE 0102**) eine Temperaturerhöhung am Ende der Kurzschlussdauer angenommen.

Für PVC-Leitungen und Kabel gilt z. B.: Für den einpoligen Kurzschlussstrom ist es ausreichend, wenn man eine Endtemperatur von 80 °C einsetzt:

$$R_{80\,^\circ\mathrm{C}} = 1{,}24 \cdot \frac{l}{\kappa \cdot S} \tag{2.22}$$

Für den einpoligen Kurzschlussstrom braucht man noch Nullwiderstände von Kabeln und Leitungen:

$$R_{0\mathrm{L}} = \text{Tabellenwert } R_{\mathrm{L}} \tag{2.23}$$

$$X_{0\mathrm{L}} = \text{Tabellenwert } X_{\mathrm{L}} \tag{2.24}$$

Allgemein gilt:

$$R_{\mathrm{L}} = R_{\mathrm{L}\,20\,^\circ\mathrm{C}} \cdot \left[1 + 0{,}004\,\frac{1}{\mathrm{K}}\left(\vartheta_{\mathrm{e}} - 20\ ^\circ\mathrm{C}\right)\right] \tag{2.25}$$

Wobei für den dreipoligen Kurzschlussstrom $R_{\mathrm{L}\,20\,^\circ\mathrm{C}}$ die Resistanz bei einer Temperatur von 20 °C ist. Sie wird angegeben mit:

$$R_{\mathrm{L}\,20\,^\circ\mathrm{C}} = \frac{1}{\kappa \cdot S} \tag{2.26}$$

2.3.5 Impedanzwerte von Kabeln und Leitungen

Die Impedanzwerte von Kabeln und Leitungen sind im Allgemeinen beim Hersteller zu erfragen, oder wenn nichts anderes vorliegt, können die **Tabellen 2.4 bis 2.9** verwendet werden [1], [2].

Leiter-querschnitt S in mm²	Kupfer			Aluminium		
	Resistanz r in Ω/km	Reaktanz x in Ω/km	Impedanz Z in Ω/km	Resistanz r in Ω/km	Reaktanz x in Ω/km	Impedanz Z in Ω/km
4 × 1,5	12,1	0,114	12,1	–	–	–
4 × 2,5	7,28	0,110	7,28	–	–	–
4 × 4	4,56	0,106	4,56	–	–	–
4 × 6	3,03	0,100	3,03	–	–	–
4 × 10	1,83	0,095	1,832	–	–	–
4 × 16	1,15	0,0894	1,153	–	–	–
4 × 25	0,727	0,0878	0,7319	1,200	0,088	1,203
4 × 35	0,524	0,0851	0,530	0,876	0,086	0,880
4 × 50	0,387	0,0848	0,396	0,641	0,084	0,646
4 × 70	0,268	0,0824	0,280	0,443	0,082	0,450
4 × 95	0,193	0,082	0,209	0,320	0,082	0,330
4 × 120	0,153	0,0805	0,172	0,253	0,080	0,265
4 × 150	0,124	0,0805	0,147	0,206	0,080	0,220
4 × 185	0,0991	0,0803	0,127	0,164	0,080	0,182
4 × 240	0,0754	0,0799	0,109	0,125	0,079	0,147
4 × 300	0,0601	0,0798	0,999	0,100	0,079	0,127

Tabelle 2.4 Widerstandswerte bei 20 °C für Cu-Kabel und Leitungen

Leiter-querschnitt S in mm²	Kupfer			Aluminium		
	Resistanz r in Ω/km	Reaktanz x in Ω/km	Impedanz Z in Ω/km	Resistanz r in Ω/km	Reaktanz x in Ω/km	Impedanz Z in Ω/km
4 × 1,5	15	0,115	15	–	–	–
4 × 2,5	9,020	0,110	9,020	–	–	–
4 × 4	5,654	0,106	5,654	–	–	–
4 × 6	3,757	0,100	3,758	–	–	–
4 × 10	2,244	0,094	2,264	–	–	–
4 × 16	1,413	0,090	1,415	–	–	–
4 × 25	0,895	0,086	0,899	1,680	0,086	1,682
4 × 35	0,649	0,083	0,654	1,226	0,083	1,228
4 × 50	0,479	0,083	0,486	0,794	0,083	0,798
4 × 70	0,332	0,082	0,341	0,551	0,082	0,557
4 × 95	0,239	0,082	0,252	0,396	0,082	0,404
4 × 120	0,192	0,080	0,208	0,316	0,080	0,325
4 × 150	0,153	0,080	0,172	0,257	0,080	0,270
4 × 185	0,122	0,080	0,146	0,203	0,080	0,221
4 × 240	0,093	0,079	0,122	0,155	0,079	0,173
4 × 300	0,074	0,079	0,108	0,124	0,079	0,147

Tabelle 2.5 Widerstandswerte bei 80 °C für Cu-Kabel und Leitungen

Leiterquerschnitt S in mm²	$\underline{Z}_{(1)\mathrm{N}} = R'_{(1)\mathrm{N}} + \mathrm{j}\underline{X}'_{(1)\mathrm{N}}$ in Ω/km	$\frac{R'_{(0)\mathrm{N}}}{R'_{(1)\mathrm{N}}}$	$\frac{X'_{(0)\mathrm{N}}}{X'_{(1)\mathrm{N}}}$
4 × 1 × 10 r	1,830 + j0,143	4	4
4 × 1 × 16 r	1,150 + j0,133	4	4
4 × 1 × 25 rST	0,727 + j0,119	4	4
4 × 1 × 35 rST	0,524 + j0,113	4	4
4 × 1 × 50 rST	0,387 + j0,110	4	4
4 × 1 × 70 rST	0,268 + j0,102	4	4
4 × 1 × 95 rST	0,193 + j0,099	4	4
4 × 1 × 120 rST	0,153 + j0,097	4	4
4 × 1 × 150 rST	0,124 + j0,097	4	4
4 × 1 × 185 rST	0,099 + j0,096	4	4
4 × 1 × 240 rST	0,075 + j0,094	4	4
4 × 1 × 300 rST	0,060 + j0,091	4	4
r rund, ST verseilt			

Tabelle 2.6 Null- und Mitimpedanz für vier Niederspannungs-Einleiterkabel NYY 4 × 1 × q_n

Leiter-querschnitt S in mm²	$\frac{R_{OL}}{R_L}$				$\frac{X_{OL}}{X_L}$			
	Kupfer		**Aluminium**		**Kupfer**		**Aluminium**	
	a	**c**	**a**	**c**	**a**	**c**	**a**	**c**
4 × 1,5	4,0	1,03	–	–	3,99	21,28	–	–
4 × 2,5	4,0	1,05	–	–	4,01	21,62	–	–
4 × 4	4,0	1,11	–	–	3,98	21,36	–	–
4 × 6	4,0	1,21	–	–	4,03	21,62	–	–
4 × 10	4,0	1,47	–	–	4,02	20,22	–	–
4 × 16	4,0	1,86	–	–	3,98	17,09	–	–
4 × 25	4,0	1,35	–	–	4,13	12,97	–	–
4 × 35	4,0	2,71	4,0	2,12	3,78	10,02	4,13	15,47
4 × 50	4,0	2,95	4,0	2,48	3,76	7,61	3,76	11,99
4 × 70	4,0	3,18	4,0	2,84	3,66	5,68	3,66	8,63
4 × 95	4,0	3,29	4,0	3,07	3,65	4,63	3,65	6,51
4 × 120	4,0	3,35	4,0	3,19	3,65	4,21	3,65	5,53
4 × 150	4,0	3,38	4,0	3,26	3,65	3,94	3,65	4,86
4 × 185	4,0	3,41	4,0	3,32	3,65	3,74	3,65	4,35
4 × 240	4,0	3,42	–	–	3,67	3,62	–	–
4 × 300	4,0	3,44	–	–	3,66	3,52	–	–

a Rückleitung über vierten Leiter,

c Rückleitung über vierten Leiter und Erde

Tabelle 2.7 Quotienten der Wirk- und induktiven Blindwiderstände im Null- und Mitsystem für Kabel NAYY und NYY in Abhängigkeit von der Rückleitung bei $f = 50$ Hz

Leiter-querschnitt S in mm^2	$\frac{R_{OL}}{R_L}$				$\frac{X_{OL}}{X_L}$			
	Kupfer		Aluminium		Kupfer		Aluminium	
	a	c	a	c	a	c	a	c
3 × 25/16	5,74	2,40	–	–	1,73	18,80	–	–
3 × 35/16	7,51	2,92	4,90	2,14	1,66	20,45	1,63	19,86
3 × 50/25	6,58	3,74	4,37	2,66	1,56	14,66	1,58	14,57
3 × 70/35	6,86	4,69	4,55	3,25	1,65	11,20	1,46	11
3 × 95/50	6,97	5,45	4,63	3,71	1,65	7,96	1,47	7,78
3 × 120/70	6,21	5,42	4,18	3,70	1,65	5,28	1,42	5,03
3 × 150/70	7,35	6,39	4,88	4,29	1,58	5,24	1,43	5,07
3 × 185/95	6,74	6,21	4,52	4,20	1,49	3,57	1,36	3,43
3 × 240/120	6,81	6,44	–	–	1,44	2,83	–	–
3 × 300/150	6,77	6,50	–	–	1,39	2,33	–	–
3 × 35/35	4,0	2,92	2,80	2,15	1,75	10,90	1,59	10,52
3 × 50/50	4,0	3,26	2,81	2,37	1,71	7,74	1,42	7,40
3 × 70/70	4,0	3,56	2,82	2,56	1,70	5,22	1,51	5,01
3 × 95/95	4,0	3,73	2,83	2,67	1,76	3,77	1,51	3,53
3 × 120/120	4,0	3,81	2,84	2,72	1,68	3,06	1,44	2,81
3 × 150/150	4,0	3,87	2,81	2,73	1,60	2,51	1,43	2,35
3 × 185/185	4,0	3,90	2,87	2,81	1,68	2,33	1,36	2,00
a Rückleitung über Schirm, c Rückleitung über Schirm und Erde								

Tabelle 2.8 Quotienten der Wirk- und induktiven Blindwiderstände im Null- und Mitsystem für Kabel N(A)YCWY in Abhängigkeit von der Rückleitung bei $f = 50$ Hz

q_n in mm^2	r_L in mm	R'_L in Ω/km	r_N in mm	R'_N in Ω/km	d in mm	$\underline{Z}'_{(1)N}$ in Ω/km	$\frac{R'_{(0)N}}{R'_{(1)N}}$	$\frac{X'_{(0)N}}{X'_{(1)N}}$
3 × 25/16	3,24	0,727	2,26	1,15	9,93	0,727 + j0,086	5,75	4,79
3 × 35/16	3,82	0,524	2,26	1,15	11,0	0,524 + j0,082	7,58	5,21
3 × 50/25	4,54	0,387	3,24	0,727	13,2	0,387 + j0,083	6,64	4,77
3 × 70/35	5,40	0,268	3,34	0,524	15,0	0,268 + j0,080	6,87	5,14
3 × 95/50	6,30	0,193	4,00	0,387	17,4	0,193 + j0,080	7,02	5,08
3 × 120/70	7,10	0,153	5,40	0,268	19,3	0,153 + j0,079	6,26	4,66
3 × 150/70	7,95	0,124	5,40	0,268	21,2	0,124 + j0,078	7,48	4,94
3 × 185/95	8,80	0,0991	6,30	0,193	23,7	0,099 + j0,078	6,84	4,81
3 × 240/120	10,05	0,0754	7,10	0,153	26,7	0,075 + j0,077	7,09	4,85
3 × 300/150	11,25	0,0601	7,90	0,124	29,8	0,060 + j0,077	7,19	4,87

Tabelle 2.9 Quotienten der Wirk- und induktiven Blindwiderstände im Null- und Mitsystem bei f = 50 Hz

2.3.6 Asynchronmotoren

In der Industrie werden meistens Asynchronmotoren (ASM) eingesetzt (**Bild 2.10**). Bei einem Kurzschluss liefern sie einen Beitrag zum Anfangskurzschlusswechselstrom, zum Stoßkurzschlussstrom, zum Ausschaltwechselstrom und beim zweipoligen Fehler auch zum Dauerkurzschlussstrom, abhängig vom Einsatz- und Kurzschlussort.

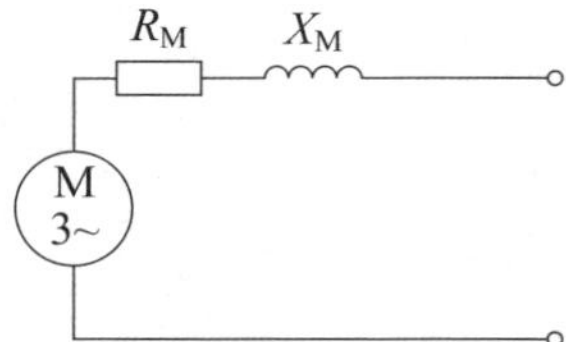

Bild 2.10 Ersatzschaltbild eines Motors

Die Impedanz $\underline{Z}_M$ eines ASM im Mit- und Gegensystem wird wie folgt berechnet:

$$Z_M = \frac{1}{I_{LR}/I_{rM}} \frac{U_{rM}}{\sqrt{3} I_{rM}} = \frac{1}{I_{LR}/I_{rM}} \frac{U_{rM}^2}{S_{rM}} \tag{2.27}$$

$$I''_{kM} = \frac{c U_n}{\sqrt{3}\, Z_M} \tag{2.28}$$

Für Niederspannungsmotoren mit dem Anschlusskabel gilt:

$$\frac{R_M}{X_M} = 0{,}42 \quad \text{und} \quad X_M = 0{,}922 \cdot Z_M \tag{2.29}$$

3 Umwandlung der Netzformen

Der gesamte Kurzschlusskreis wird aus den Resistanzen und Reaktanzen zusammengestellt und daraus die Impedanz der Kurzschlussstelle berechnet. Die Berechnung der Impedanzen der Reihen- und Parallelschaltungen lässt sich durch folgende Gleichungen durchführen.

3.1 Reihen- und Parallelschaltung

Bild 3.1 zeigt Grundelemente der Reihenschaltung, an der der gleiche Strom fließt.

Bei einer Reihenschaltung von Widerständen addieren sich einzelne Widerstände (*R* und *X*) zum Gesamtwiderstand. Der Gesamtwiderstand ist immer größer als der größte Einzelwiderstand.

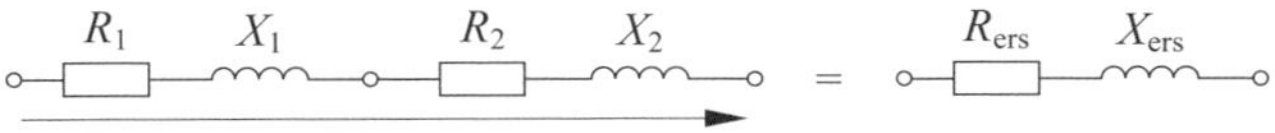

Bild 3.1 Netzumwandlung – Reihenschaltung

Allgemein gilt für die Impedanz:

$$\underline{Z}_{ers} = \underline{Z}_1 + \underline{Z}_2 + \cdots + \underline{Z}_i = R_{ers} + jX_{ers} \tag{3.1}$$

$$R_{ers} = R_1 + R_2 + \cdots + R_i = \sum_i R_i \tag{3.2}$$

$$X_{ers} = X_1 + X_2 + \cdots + X_i = \sum_i X_i \tag{3.3}$$

$$\underline{Z}_G = \underline{Z}_1 + \underline{Z}_2 \tag{3.4}$$

Der Betrag der Impedanz ist:

$$|Z| = \sqrt{R^2 + X^2} \tag{3.5}$$

Bild 3.2 zeigt Grundelemente der Parallelschaltung, an der die gleiche Spannung liegt.

$$\underline{Z}_G = \frac{\underline{Z}_1 \cdot \underline{Z}_2}{\underline{Z}_1 + \underline{Z}_2} = R_{ers} + jX_{ers} \tag{3.6}$$

Bei einer Parallelschaltung von Widerständen (*R* und *X*) addieren sich diese zum Gesamtwiderstand oder Impedanz. Bei der Parallelschaltung ist der Gesamtwiderstand immer kleiner als der kleinste Einzelwiderstand.

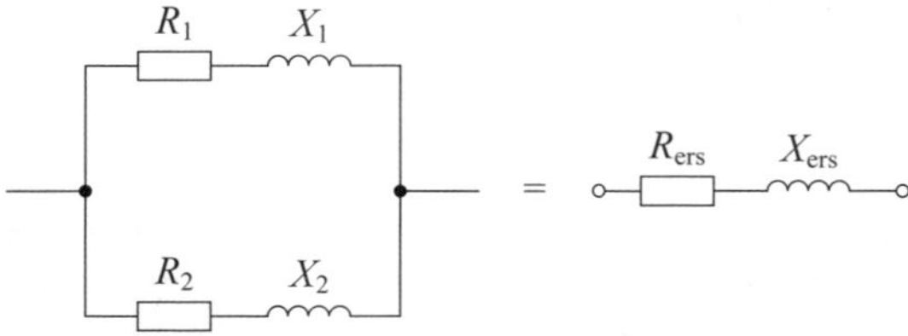

Bild 3.2 Netzumwandlung – Parallelschaltung

Durch entsprechende Umwandlungen erhält man:

$$R_{ers} = \frac{R_1 \cdot \left(R_2^2 + X_2^2\right) + R_2 \cdot \left(R_1^2 + X_1^2\right)}{\left(R_1 + R_2\right)^2 + \left(X_1 + X_2\right)^2} \tag{3.7}$$

$$X_{ers} = \frac{X_1 \cdot \left(R_2^2 + X_2^2\right) + X_2 \cdot \left(R_1^2 + X_1^2\right)}{\left(R_1 + R_2\right)^2 + \left(X_1 + X_2\right)^2} \tag{3.8}$$

3.2 Stern-Dreieck-Umwandlung

Um die Gesamtimpedanz an der Kurzschlussstelle zu berechnen, werden die Netztopologien in mehrfach und vermaschten Netzen in Stern-Dreieck-Transformation oder Dreieck-Stern-Transformation vereinfacht und umgewandelt (**Bild 3.3**).

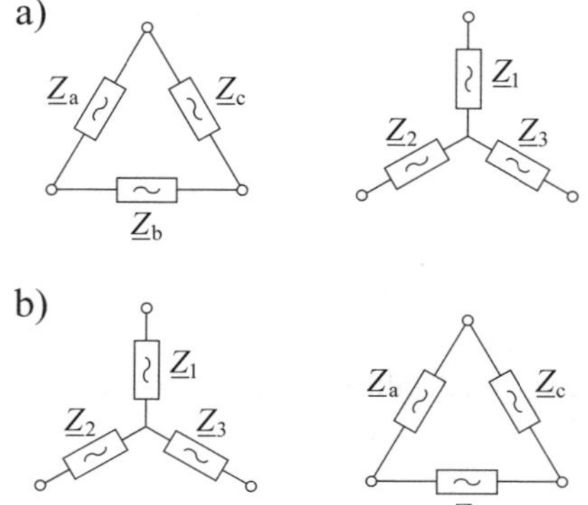

Bild 3.3 Netzumwandlungen –
a) Dreieck-Stern-Transformation,
b) Stern-Dreieck-Transformation

Dreieck-Stern-Transformation (Bild 3.3a):

Der Sternwiderstand wird berechnet, indem am gleichen Knotenpunkt liegende Dreieckwiderstände miteinander multipliziert und durch die Summe aller Widerstände dividiert werden. Die Nenner der drei Gleichungen sind immer gleich.

$$\underline{Z}_1 = \frac{\underline{Z}_a \cdot \underline{Z}_c}{\underline{Z}_a + \underline{Z}_b + \underline{Z}_c}, \tag{3.9}$$

$$\underline{Z}_2 = \frac{\underline{Z}_a \cdot \underline{Z}_b}{\underline{Z}_a + \underline{Z}_b + \underline{Z}_c},$$

$$\underline{Z}_3 = \frac{\underline{Z}_b \cdot \underline{Z}_c}{\underline{Z}_a + \underline{Z}_b + \underline{Z}_c}.$$

Stern-Dreieck-Transformation (Bild 3.3b):

Der Dreieckwiderstand wird berechnet, indem alle Sternwiderstände miteinander multipliziert und durch den gegenüberliegenden Widerstand dividiert werden.

$$\underline{Z}_a = \frac{\underline{Z}_1 \cdot \underline{Z}_2 + \underline{Z}_1 \cdot \underline{Z}_3 + \underline{Z}_2 \cdot \underline{Z}_3}{\underline{Z}_3}, \tag{3.10}$$

$$\underline{Z}_b = \frac{\underline{Z}_1 \cdot \underline{Z}_2 + \underline{Z}_1 \cdot \underline{Z}_3 + \underline{Z}_2 \cdot \underline{Z}_3}{\underline{Z}_1},$$

$$\underline{Z}_c = \frac{\underline{Z}_1 \cdot \underline{Z}_2 + \underline{Z}_1 \cdot \underline{Z}_3 + \underline{Z}_2 \cdot \underline{Z}_3}{\underline{Z}_2}.$$

3.3 Berechnung der Kurzschlussströme

3.3.1 Dreipoliger Kurzschluss

Im Gegensatz zum einpoligen und zweipoligen Kurzschluss ist der dreipolige Kurzschluss ein symmetrischer Fehler, der zur Beurteilung des Bemessungsausschaltvermögens von Überstromschutzeinrichtungen im Mitsystem herangezogen wird.

$$I''_{k3} = I''_k = \frac{c\,U_n}{\sqrt{3}\,|\underline{Z}_1|} = \frac{c\,U_n}{\sqrt{3}\sqrt{R_1^2 + X_1^2}} \tag{3.11}$$

Für einen einfach gespeisten generatorfernen Kurzschluss im Niederspannungsnetz erhält man:

$$R_k = R_{Qt} + R_T + R_L \tag{3.12}$$

$$X_k = X_{Qt} + X_T + X_L \tag{3.13}$$

$$Z_k = \sqrt{R_k^2 + X_k^2} \tag{3.14}$$

Mit:

c Spannungsfaktor (nach Tabelle 2.1),

R_k Summe der in Reihe geschalteten Resistanzen,

X_k Summe der in Reihe geschalteten Reaktanzen,

Z_k Kurzschlussimpedanz

3.3.1.1 Beispiel für den dreipoligen Kurzschluss

Der dreipolige Kurzschlussstrom ist mit den Daten des Netzplans zu berechnen (**Bild 3.4**). Für diese Fehlerart wird nur die Mitimpedanz benötigt.

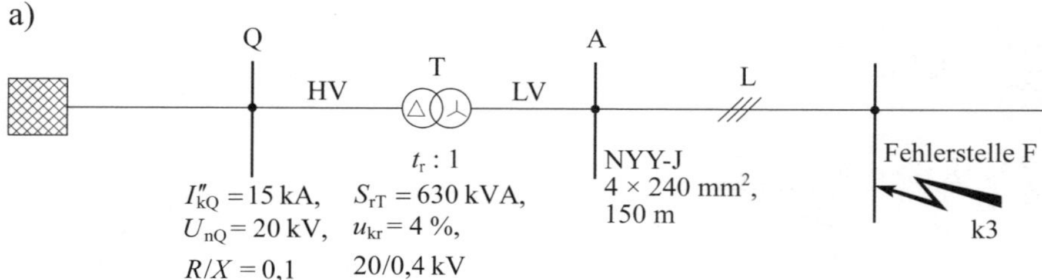

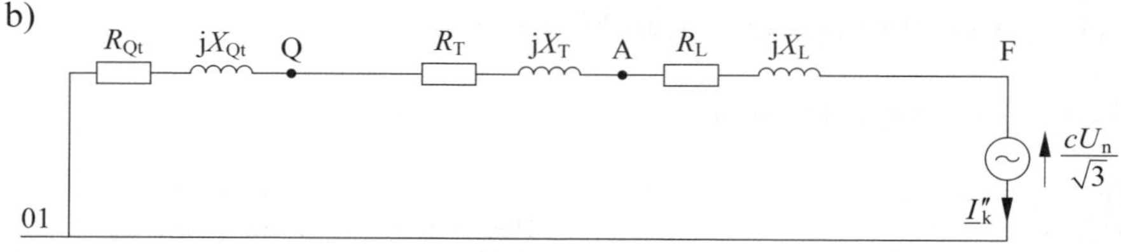

Bild 3.4 Schaltplan zur Berechnung dreipoligen Kurzschlusses –
a) Netzplan,
b) Ersatzschaltbild

20-kV-Netz

$$Z_{\mathrm{Q}} = \frac{c \cdot U_{\mathrm{n}}}{\sqrt{3} \cdot I_{\mathrm{k}}''} = \frac{1,1 \cdot 20\ \mathrm{kV}}{\sqrt{3} \cdot 15\ \mathrm{kA}} = 0,846\,7\ \Omega$$

$$Z_{\mathrm{Qt}} = Z_{\mathrm{Q}} \cdot \left(\frac{0,4\ \mathrm{kV}}{20\ \mathrm{kV}} \right)^2 = 0,338\ \mathrm{m}\Omega$$

$$X_{\mathrm{Qt}} = 0,995 \cdot Z_{\mathrm{Qt}} = 0,336\ \mathrm{m}\Omega$$

$$R_{\mathrm{Qt}} = 0,1 \cdot X_{\mathrm{Qt}} = 0,033\,6\ \mathrm{m}\Omega$$

Transformator

$$Z_{\mathrm{T}} = \frac{u_{\mathrm{kr}} \cdot U_{\mathrm{n}}^2}{100\ \% \cdot S_{\mathrm{rT}}} = 10,15\ \mathrm{m}\Omega$$

$$R_{\mathrm{T}} = \frac{P_{\mathrm{krT}} \cdot U_{\mathrm{rT\text{-}LV}}^2}{S_{\mathrm{rT}}^2} = \frac{6,5\ \mathrm{kW} \cdot 0,4\ \mathrm{kV}^2}{630\ \mathrm{kVA}^2} = 2,62\ \mathrm{m}\Omega$$

$$X_{\mathrm{T}} = \sqrt{Z_{\mathrm{T}}^2 - R_{\mathrm{T}}}\ \mathrm{m}\Omega = \sqrt{10,15^2 - 2,62^2}\ \mathrm{m}\Omega = 9,8\ \mathrm{m}\Omega$$

Leitung

$$Z_{\mathrm{L}} = l \cdot \left(r_{\mathrm{L}}' + \mathrm{j} x_{\mathrm{L}}' \right) = 150\ \mathrm{m} \cdot (0,077 + \mathrm{j}0,079)\ \Omega/\mathrm{km} = (11,55 + \mathrm{j}11,85)\ \mathrm{m}\Omega$$

Dreipoliger Kurzschlussstrom an der Fehlerstelle:

$$\begin{aligned} Z_{(1)} = Z_{\mathrm{k}} &= Z_{\mathrm{Qt}} + Z_{\mathrm{T}} + Z_{\mathrm{L}} \\ &= (0,033\,6 + \mathrm{j}0,336) + (2,62 + \mathrm{j}9,8)\ \mathrm{m}\Omega + (11,55 + \mathrm{j}11,85)\ \mathrm{m}\Omega \\ &= (14,2 + \mathrm{j}21,986)\ \mathrm{m}\Omega = 26,173 \cdot \mathrm{e}^{\mathrm{j}57,29}\ \mathrm{m}\Omega \end{aligned}$$

$$I_{\mathrm{k3max}}'' = \frac{c \cdot U_{\mathrm{n}}}{\sqrt{3} \cdot Z_{(1)}} = \frac{1,1 \cdot 400\ \mathrm{V}}{\sqrt{3} \cdot 26,173 \cdot \mathrm{e}^{\mathrm{j}50,83}\ \mathrm{m}\Omega} = 9,7 \cdot \mathrm{e}^{-\mathrm{j}62,7}\ \mathrm{kA}$$

3.3.2 Zweipoliger Kurzschluss

Der zweipolige Kurzschluss ist ein unsymmetrischer Fehler, der wie folgt berechnet werden kann:

$$I''_{\mathrm{k2}} = \frac{c\,U_{\mathrm{n}}}{\left|\underline{Z}_{(1)} + \underline{Z}_{(2)}\right|} \tag{3.15}$$

Unter der Voraussetzung $\underline{Z}_{(2)} = \underline{Z}_{(1)}$ ergibt sich:

$$I''_{\mathrm{k2}} = \frac{c\,U_{\mathrm{n}}}{2\left|\underline{Z}_{(1)}\right|} = \frac{\sqrt{3}}{2} I''_{\mathrm{k3}} \tag{3.16}$$

Mit:

c Spannungsfaktor,

$Z_{(1)}$ Kurzschluss-Mitimpedanz,

$Z_{(2)}$ Kurzschluss-Gegenimpedanz

3.3.2.1 Beispiel für den zweipoligen Kurzschluss

Der dreipolige Kurzschluss wurde in Kapitel 3.3.1.1 berechnet mit 8,91 kA. Daraus ermitteln wir den zweipoligen Kurzschlussstrom:

$$I''_{\mathrm{k2}} = \frac{\sqrt{3}}{2} \cdot I''_{\mathrm{k3}} = 8{,}4\ \mathrm{kA}$$

3.3.3 Einpoliger Kurzschluss

Der einpolige Erdkurzschluss ist ein unsymmetrischer Fehler, der mithilfe der symmetrischen Komponenten berechnet wird. In der Praxis kommen diese Fehler am häufigsten vor.

Der kleinste, einpolige Kurzschlussstrom ist für die Ansprechsicherheit (Abschaltung) der Überstromschutzeinrichtungen von Bedeutung. Außerdem ist er wichtig für die Einstellung der Überstromschutzeinrichtungen.

Bei dieser Fehlerart ist als Rückleiter ein Außenleiter (PEN) bzw. Schutzleiter (PE) beteiligt. In der Praxis wird allerdings ein einfacheres Verfahren (Schleifen-Impedanz-Methode) angewandt, das für die Endstromkreise ausreichend ist. Da die Überstromschutzeinrichtungen und Leiterquerschnitte aufeinander abgestimmt sind, erfolgt die Abschaltung innerhalb von 0,2 s, 0,4 s bzw. bis 5 s. Der einpolige Kurzschlussstrom wird berechnet mit

$$I''_{\mathrm{k1}} = \frac{\sqrt{3}\, c\, U_{\mathrm{n}}}{\left|\underline{Z}_{(1)} + \underline{Z}_{(2)} + \underline{Z}_{(0)}\right|} = \frac{\sqrt{3}\, c\, U_{\mathrm{n}}}{\left|2\,\underline{Z}_{(1)} + \underline{Z}_{(0)}\right|} \tag{3.17}$$

Mit den Impedanzen der Betriebsmittel (Netzeinspeisung, Transformatoren, Kabel und Leitungen) folgt für die Kurzschlussstelle:

$$\sum R = \left(2\,R_{\mathrm{Q}} + 2\,R_{\mathrm{T}} + 2\,R_{\mathrm{K}} + 2\,R_{\mathrm{L1}} + 2\,R_{\mathrm{L2}} + R_{\mathrm{0T}} + R_{\mathrm{0K}} + R_{\mathrm{0L1}} + R_{\mathrm{0L2}}\right)$$

$$\sum X = \left(2\,X_{\mathrm{Q}} + 2\,X_{\mathrm{T}} + 2\,X_{\mathrm{K}} + 2\,X_{\mathrm{L1}} + 2\,X_{\mathrm{L2}} + X_{\mathrm{0T}} + X_{\mathrm{0K}} + X_{\mathrm{0L1}} + X_{\mathrm{0L2}}\right)$$

Mit:

c Spannungsfaktor,

R_{K}, X_{K} ohmscher und induktiver Widerstand des Kabels,

R_{0K}, X_{0K} ohmscher und induktiver Nullwiderstand des Kabels,

R_{0L1}, X_{0L1} ohmscher und induktiver Nullwiderstand der Leitung 1,

R_{0L2}, X_{0L2} ohmscher und induktiver Nullwiderstand der Leitung 2,

R_{0T}, X_{0T} ohmscher und induktiver Nullwiderstand des Transformators,

R_{L1}, X_{L1} ohmscher und induktiver Widerstand der Leitung 1,

R_{L2}, X_{L2} ohmscher und induktiver Widerstand der Leitung 2,

R_{T}, X_{T} ohmscher und induktiver Widerstand des Transformators,

R_{Q}, X_{Q} ohmscher und induktiver Widerstand der Netzeinspeisung,

$Z_{(0)}$ Kurzschluss-Nullimpedanz,

$Z_{(1)}$ Kurzschluss-Mitimpedanz

3.3.3.1 Beispiel für den einpoligen Kurzschluss

Der einpolige Kurzschlussstrom wird mit den Daten des Netzes vereinfacht nach der **Schleifen-Impedanz-Methode** (SIM) berechnet (**Bild 3.5**).

a)

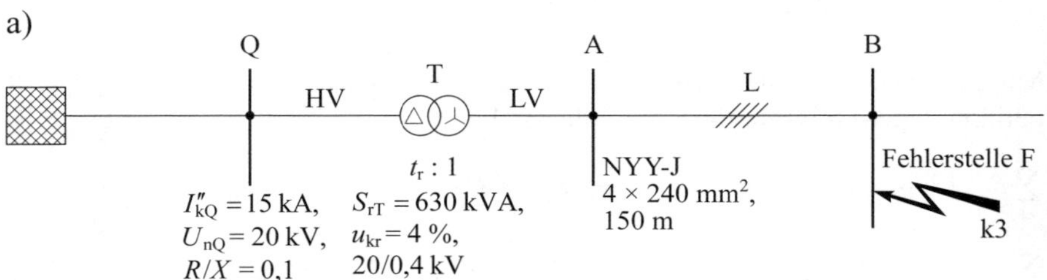

b)

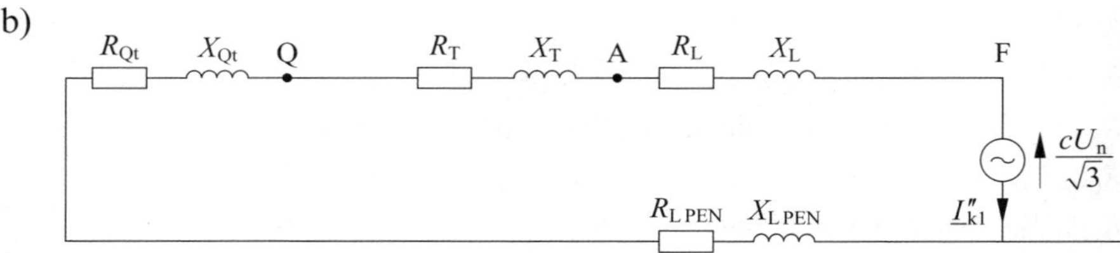

Bild 3.5 Schaltplan zur Berechnung einpoligen Kurzschlusses –
a) Netzplan,
b) Ersatzschaltbild

Einspeisung

$$Z_Q = \frac{c \cdot U_n}{\sqrt{3} \cdot I''_k} = \frac{1{,}1 \cdot 20\ \text{kV}}{\sqrt{3} \cdot 15\ \text{kA}} = 0{,}846\,7\ \Omega$$

$$Z_{Qt} = Z_Q \cdot \left(\frac{0{,}4\ \text{kV}}{20\ \text{kV}} \right)^2 = 0{,}336\ \text{m}\Omega$$

$$X_{Qt} = 0{,}995 \cdot Z_{Qt} = 0{,}336\ \text{m}\Omega$$

$$R_{Qt} = 0{,}1 \cdot X_{Qt} = 0{,}033\,6\ \text{m}\Omega$$

Transformator

$$Z_{\mathrm{T}} = \frac{u_{\mathrm{kr}} \cdot U_{\mathrm{n}}^2}{100\,\% \cdot S_{\mathrm{rT}}} = 10{,}15\ \mathrm{m\Omega}$$

$$R_{\mathrm{T}} = \frac{P_{\mathrm{krT}} \cdot U_{\mathrm{rTLV}}^2}{S_{\mathrm{rT}}^2} = \frac{6{,}5\ \mathrm{kW} \cdot (0{,}4\ \mathrm{kV})^2}{630\ \mathrm{kVA}^2} = 2{,}62\ \mathrm{m\Omega}$$

$$X_{\mathrm{T}} = \sqrt{Z_{\mathrm{T}}^2 - R_{\mathrm{T}}}\ \mathrm{m\Omega} = \sqrt{10{,}15^2 - 2{,}62^2}\ \mathrm{m\Omega} = 9{,}8\ \mathrm{m\Omega}$$

Leitung

$$R_{\mathrm{L}} = 2 \cdot l \cdot 1{,}24 \cdot r_{\mathrm{L}}' = 2 \cdot 150\ \mathrm{m} \cdot 1{,}24 \cdot 0{,}077\ \mathrm{m\Omega/m} = 28{,}644\ \mathrm{m\Omega}$$

$$X_{\mathrm{L}} = 2 \cdot l \cdot x_{\mathrm{L}}' = 2 \cdot 150\ \mathrm{m} \cdot 0{,}079\ \mathrm{m\Omega/m} = 23{,}7\ \mathrm{m\Omega}$$

$$R_{\mathrm{G}} = 31{,}29\ \mathrm{m\Omega}$$

$$X_{\mathrm{G}} = 33{,}836\ \mathrm{m\Omega}$$

$$Z_{\mathrm{G}} = 46\ \mathrm{m\Omega}$$

$$I_{\mathrm{k1}}'' = \frac{c_{\min} \cdot U_{\mathrm{n}}}{\sqrt{3} \cdot Z_{\mathrm{G}}} = \frac{0{,}9 \cdot 400\ \mathrm{V}}{\sqrt{3} \cdot 46\ \mathrm{m\Omega}} = 4{,}51\ \mathrm{kA}$$

Die Ergebnisse wurden mit den Software-Lösungen Simaris und Neplan 10 verglichen (**Bild 3.6**). Geringfügige Unterschiede der Ergebnisse sind durch die unterschiedlichen Daten des jeweiligen Programms zurückzuführen.

a)

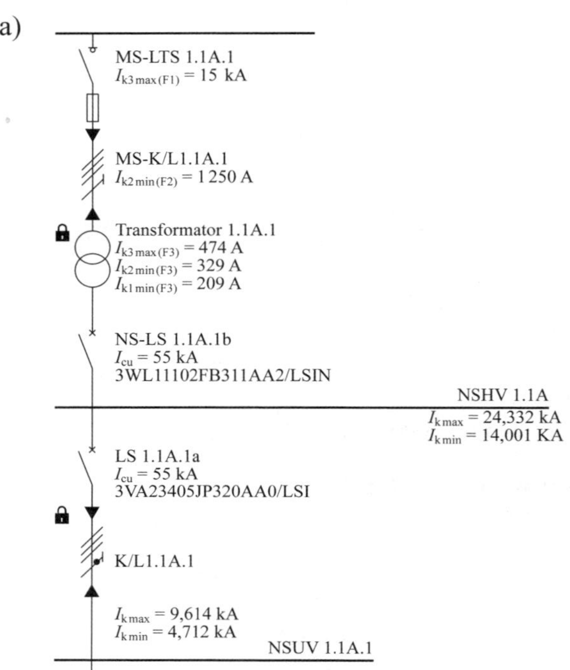

b)

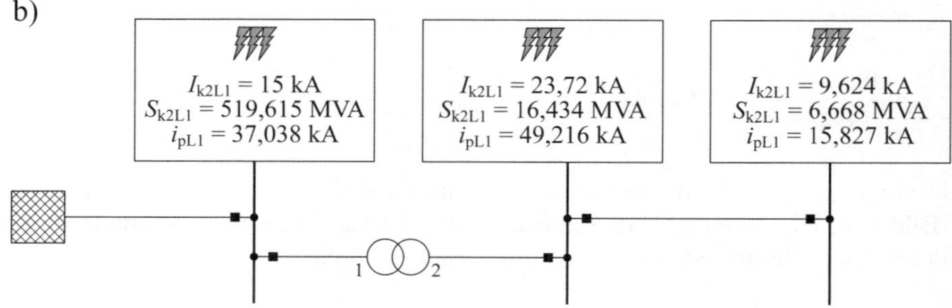

Bild 3.6 Ergebnisse –
a) Simaris,
b) Neplan

3.3.3.2 Berechnung des Kurzschlussstroms mit der Methode der symmetrischen Komponenten nach DIN VDE 60909-0 (VDE 0102)

1) Bestimmung der Widerstände des vorgelagerten Netzes

$$Z_{\mathrm{Q}} = \frac{c \cdot U_{\mathrm{n}}}{\sqrt{3} \cdot I_{\mathrm{k}}''} = \frac{1{,}1 \cdot 20\ \mathrm{kV}}{\sqrt{3} \cdot 15\ \mathrm{kA}} = 0{,}846\ 7\ \Omega$$

$$Z_{\mathrm{Qt}} = Z_{\mathrm{Q}} \cdot \left(\frac{0{,}4\ \mathrm{kV}}{20\ \mathrm{kV}}\right)^2 = 0{,}336\ \mathrm{m}\Omega$$

$$X_{\mathrm{QT}} = 0{,}995 \cdot Z_{\mathrm{Qt}} = 0{,}336\ \mathrm{m}\Omega$$

$$R_{\mathrm{Qt}} = 0{,}1 \cdot X_{\mathrm{Qt}} = 0{,}033\ 6\ \mathrm{m}\Omega$$

2) Bestimmung der Widerstände des Transformators

$$Z_{\mathrm{T}} = \frac{u_{\mathrm{kr}} \cdot U_{\mathrm{n}}^2}{100\ \% \cdot S_{\mathrm{rT}}} = \frac{4\ \% \cdot 400\ \mathrm{V}^2}{100\ \% \cdot 630\ \mathrm{kVA}} = 10{,}15\ \mathrm{m}\Omega$$

$$R_{\mathrm{T}} = \frac{P_{\mathrm{krT}} \cdot U_{\mathrm{rT\text{-}LV}}^2}{S_{\mathrm{rT}}^2} = \frac{6{,}5\ \mathrm{kW} \cdot (0{,}4\ \mathrm{kV})^2}{630\ \mathrm{kVA}^2} = 2{,}62\ \mathrm{m}\Omega$$

$$X_{\mathrm{T}} = \sqrt{Z_{\mathrm{T}}^2 - R_{\mathrm{T}}}\ \mathrm{m}\Omega = \sqrt{10{,}15^2 - 2{,}62^2}\ \mathrm{m}\Omega = 9{,}8\ \mathrm{m}\Omega$$

$$R_{0\mathrm{T}} = R_{\mathrm{T}} = 2{,}62\ \mathrm{m}\Omega$$

$$X_{0\mathrm{T}} = 0{,}95 \cdot X_{\mathrm{T}} = 0{,}95 \cdot 9{,}8\ \mathrm{m}\Omega = 9{,}31\ \mathrm{m}\Omega$$

3) Bestimmung der Widerstände der Leitung

Der ohmsche Widerstand wird bei 80 °C berechnet:

$$R_{\mathrm{L}} = r_{\mathrm{L}}' \cdot l = 0{,}093\ \mathrm{m}\Omega \cdot 150\ \mathrm{m} = 13{,}95\ \mathrm{m}\Omega$$

$$X_{\mathrm{L}} = x_{\mathrm{L}}' \cdot l = 0{,}079\ \mathrm{m}\Omega \cdot 150\ \mathrm{m} = 11{,}85\ \mathrm{m}\Omega$$

4) Bestimmung der Nullwiderstände der Leitung

$R_{\mathrm{L(0)}} / R_{\mathrm{L(1)}} = 4$ und $X_{\mathrm{L(0)}} / X_{\mathrm{L(1)}} = 4$

$$R_{0L} = 4 \cdot R_L = 4 \cdot 13{,}95\ \text{m}\Omega = 55{,}8\ \text{m}\Omega$$

$$X_{0L} = 4 \cdot X_L = 4 \cdot 11{,}85\ \text{m}\Omega = 47{,}4\ \text{m}\Omega$$

5) Bestimmung von Gesamtwiderstand *R*

$$\begin{aligned}\sum R &= \left(2 \cdot R_Q + 2 \cdot R_T + 2 \cdot R_L + R_{0T} + R_{0L}\right)\\ &= \left(2 \cdot 0{,}033\,6\ \text{m}\Omega + 2 \cdot 2{,}62\ \text{m}\Omega + 2 \cdot 13{,}95\ \text{m}\Omega + 2{,}62\ \text{m}\Omega + 55{,}8\ \text{m}\Omega\right)\\ &= 91{,}62\ \text{m}\Omega\end{aligned}$$

6) Bestimmung von Gesamtblindwiderstand *X*

$$\begin{aligned}\sum X &= \left(2 \cdot X_Q + 2 \cdot X_T + 2 \cdot X_L + X_{0T} + X_{0L}\right)\\ &= \left(2 \cdot 0{,}336\ \text{m}\Omega + 2 \cdot 9{,}8\ \text{m}\Omega + 2 \cdot 11{,}85\ \text{m}\Omega + 11{,}85\ \text{m}\Omega + 47{,}4\ \text{m}\Omega\right)\\ &= 103{,}222\ \text{m}\Omega\end{aligned}$$

7) Berechnung des einpoligen Kurzschlussstroms an der Fehlerstelle

$$\begin{aligned}I''_{k1} &= \frac{c_{\min} \cdot \sqrt{3} \cdot U_n}{\sqrt{\left(\sum R_k\right)^2 + \sum\left(X_k\right)^2}}\\ &= \frac{0{,}9 \cdot \sqrt{3} \cdot 400\ \text{V}}{\sqrt{\left(91{,}62\ \text{m}\Omega\right)^2 + \left(103{,}222\ \text{m}\Omega\right)^2}} = 4{,}51 \cdot e^{-j71{,}59^\circ}\ \text{kA}\end{aligned}$$

3.3.4 Stoßkurzschlussstrom

Die Berechnung des Stoßkurzschlussstroms ist bedeutend für

- die dynamische Beanspruchung von elektrischen Anlagen,
- das Einschaltvermögen von Schaltgeräten.

Es gilt:

$$i_\mathrm{p} = \kappa \sqrt{2}\, I_\mathrm{k}'' \Rightarrow \kappa = f\left(\frac{R_\mathrm{k}}{X_\mathrm{k}}\right) \qquad (3.18)$$

Der κ-Faktor kann Näherungsgleichung berechnet werden:

$$\kappa = 1{,}02 + 0{,}98 \cdot \mathrm{e}^{-3R/X} \qquad (3.19)$$

Der Faktor κ ist abhängig vom Verhältnis R/X und kann auch **Bild 3.7** entnommen werden (Praxiswert 1,8).

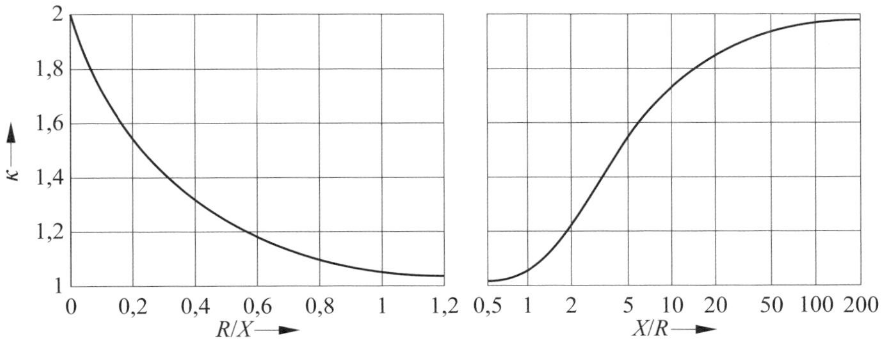

Bild 3.7 Faktor κ zur Berechnung des Stoßkurzschlussstroms nach DIN EN 60909-0 (**VDE 0102**)

3.3.4.1 Beispiel für den Stoßkurzschlussstrom

Der dreipolige Kurzschluss wurde angegeben mit 19,232 kA.

$$Z_{(1)} = (4{,}6427 + \mathrm{j}2{,}366)\ \mathrm{m\Omega}$$

$R/X = 0{,}375$, Kappa wird im Diagramm in Bild 3.7 abgelesen: $\kappa = 1{,}4$, damit beträgt der Stoßkurzschlussstrom

$$i_\mathrm{p} = \kappa \sqrt{2}\, I_\mathrm{k}'' = 1{,}4 \cdot \sqrt{2} \cdot 19{,}232\ \mathrm{kA} = 36{,}364\ \mathrm{kA}.$$

4 Berechnung der Kurzschlussströme

In diesem Kapitel werden alle drei Anwendungsbereiche mit einem Beispiel ausführlich behandelt. Ein Netzschaltplan ist nach **Bild 4.1** mit den nachfolgenden Daten gegeben. Von einer Verteilungsanlage 20/0,4 kV wird eine Niederspannungs-Hauptverteilung über ein Kabel versorgt. Der größte und kleinste einpolige Kurzschlussstrom ist an der Fehlerstelle zu berechnen. Die Daten der Anlage sind **Tabelle 4.1** zu entnehmen. Bei diesem Beispiel werden alle drei Anwendungsbereiche berechnet und die Ergebnisse mit Softwareprogrammen verglichen.

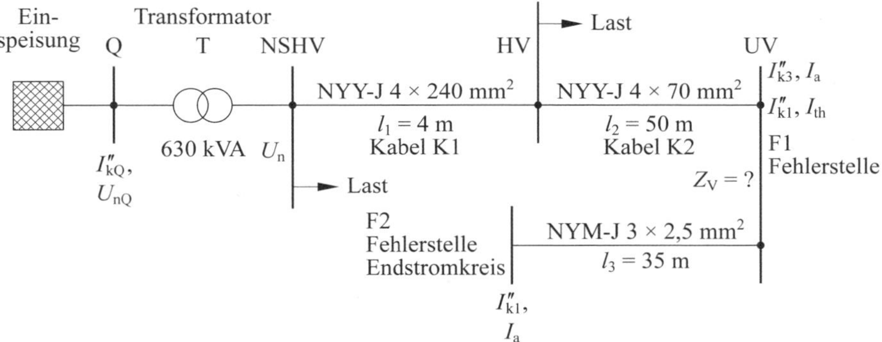

Bild 4.1 Netzschaltplan

Einspeisung Q	$U_{nQ} = 20$ kV; $S''_{kQ} = 346{,}41$ MVA; $I''_{kQ} = 10$ kA; $c_{Qmax} = 1{,}1$; $R_Q = 0{,}1 \cdot X_Q$; $X_Q = 0{,}995 \cdot Z_Q$
Transformator T	$S_{rT} = 630$ kVA; $U_{rTHV} = 20$ kV; $U_{rTLV} = 400$ V; $P_{krT} = 6{,}5$ kW; $u_{kr} = 4$ %; Dyn5; $R_{(0)T}/R_T = 1{,}0$; $X_{(0)T}/X_T = 0{,}95$
Kabel 1, K1, NSHV	NYY-J, 4 × 240 mm²; Cu; $l_1 = 4$ m; $R'_L = 0{,}077$ Ω/km; $X_L = 0{,}079$ Ω/km; $R_{(0)L} = 4 \cdot R_L$; $X_{(0)L} = 3{,}67 \cdot X_L$
Kabel 2, K2, HV	NYY-J, 4 × 70 mm²; Cu; $l_2 = 50$ m; $R'_L = 0{,}263$ Ω/km; $X_L = 0{,}082$ Ω/km; $R_{(0)L} = 4 \cdot R_L$; $X_{(0)L} = 3{,}66 \cdot X_L$
Kabel 3, K3, HV (Endstromkreis)	NYM-J, 3 × 2,5 mm²; Cu; $l_3 = 35$ m; $R'_L = 7{,}410$ Ω/km; $X_L = 0{,}082$ Ω/km; $R_{(0)L} = 4 \cdot R_L$; $X_{(0)L} = 3{,}66 \cdot X_L$

Tabelle 4.1 Daten des Netzes

4.1 Anwendungsbereich 1

In der Formel $\underline{I}_{\text{k}}'' = \dfrac{c \cdot U_{\text{n}}}{\sqrt{3} \cdot \underline{Z}_{\text{K}}}$ ist die Kurzschlussimpedanz $\underline{Z}_{\text{k}}$ unbekannt. Wie immer müssen zuerst alle Resistanzen und Reaktanzen der Betriebsmittel ermittelt werden. Die Zusammensetzung dieser Kurzschlussimpedanz ändert sich abhängig von der Art des Kurzschlussstroms. Die Anwendung der symmetrischen Komponenten ist unumgänglich [2]. An der Fehlerstelle wird nur die Ersatzspannungsquelle eingesetzt, d. h., alle anderen Spannungsquellen werden hinter ihren Innenimpedanzen kurzgeschlossen. Die Kurzschlussimpedanz ist dann die Summe der Impedanzen aller Betriebsmittel von Spannungsquelle bis zur Fehlerstelle. Dabei ist die Anwendung der komplexen Rechenmethode erforderlich. Die Kennzeichnung der komplexen Größe wird durch Unterstreichen dargestellt.

4.1.1 Berechnung der Mitimpedanz

Impedanz der Netzeinspeisung

Die Kurzschlussimpedanz des Netzes wird auf die Niederspannungsseite umgerechnet:

$$Z_{\text{Qt}} = \frac{c \cdot U_{\text{nQ}}}{\sqrt{3} \cdot I_{\text{kQ}}''} \cdot \frac{1}{t_{\text{r}}^2} = \frac{1{,}1 \cdot 20\ \text{kV}}{\sqrt{3} \cdot 10\ \text{kA}} \cdot \left(\frac{0{,}4\ \text{kV}}{20\ \text{kV}}\right) = 0{,}508\ \text{m}\Omega$$

oder

$$Z_{\text{Qt}} = \frac{c \cdot U_{\text{n}}^2}{S_{\text{kQ}}''} = \frac{1{,}1 \cdot (0{,}4\ \text{kV})^2}{346{,}41\ \text{MVA}} = 0{,}508\ \text{m}\Omega$$

$$X_{\text{Qt}} = 0{,}995 \cdot Z_{\text{Qt}} = 0{,}995 \cdot 0{,}508\ \text{m}\Omega = 0{,}505\ \text{m}\Omega$$

$$R_{\text{Qt}} = 0{,}1 \cdot X_{\text{Qt}} = 0{,}1 \cdot 0{,}505\ \text{m}\Omega = 0{,}050\,5\ \text{m}\Omega$$

$$\underline{Z}_{\text{Qt}} = 0{,}050\,5\ \text{m}\Omega + \text{j}0{,}505\ \text{m}\Omega$$

Impedanz des Transformators

Die Transformatorimpedanz wird mit den Daten des jeweiligen Transformators ermittelt:

$$Z_{\text{T}} = \frac{u_{\text{krT}} \cdot U_{\text{rTLV}}^2}{100\ \% \cdot S_{\text{rT}}} = \frac{4\ \% \cdot (400\ \text{V})^2}{100\ \% \cdot 630\ \text{kVA}} = 10{,}15\ \text{m}\Omega$$

$$R_\mathrm{T} = \frac{P_\mathrm{krT} \cdot U_\mathrm{rTLV}^2}{S_\mathrm{rT}^2} = \frac{6{,}5\ \mathrm{kW} \cdot (400\ \mathrm{V})^2}{(630\ \mathrm{kVA})^2} = 2{,}62\ \mathrm{m\Omega}$$

$$X_\mathrm{T} = \sqrt{Z_\mathrm{T}^2 - R_\mathrm{T}^2} = \sqrt{(10{,}15\ \mathrm{m\Omega})^2 - (2{,}62\ \mathrm{m\Omega})^2} = 9{,}8\ \mathrm{m\Omega}$$

$$\underline{Z}_\mathrm{T} = 2{,}62\ \mathrm{m\Omega} + \mathrm{j}9{,}8\ \mathrm{m\Omega}$$

Impedanz der Kabel und Leitungen

Die Impedanz der Kabel und Leitungen kann aus Datenblättern der Hersteller oder aus Leiterdaten nach Formeln berechnet werden. Man soll dabei beachten, dass in der Literatur abweichende Angaben vorkommen können. Dadurch können Hand- und Softwareergebnisse unterschiedliche Werte aufweisen. Für den dreipoligen Kurzschluss wird der Temperatureinfluss auf die Leitungsresistanz (ohmscher Widerstand) bei 20 °C und für den einpoligen minimalen Kurzschlussstrom 80 °C eingesetzt.

Kabel 1 für 20 °C:

$$\underline{Z}_\mathrm{K1} = (R + \mathrm{j}X) \cdot l = (0{,}077\ \Omega/\mathrm{km} + \mathrm{j}0{,}079\ \Omega/\mathrm{km}) \cdot 4\ \mathrm{m}$$
$$= 0{,}308\ \mathrm{m\Omega} + \mathrm{j}0{,}316\ \mathrm{m\Omega}$$

Kabel 2 für 20 °C:

$$\underline{Z}_\mathrm{K2} = (R + \mathrm{j}X) \cdot l = (0{,}263\ \Omega/\mathrm{km} + \mathrm{j}0{,}082\ \Omega/\mathrm{km}) \cdot 50\ \mathrm{m}$$
$$= 13{,}15\ \mathrm{m\Omega} + \mathrm{j}4{,}1\ \mathrm{m\Omega}$$

Bei 80 °C:

$$R_\mathrm{L} = \left[1 + \alpha\left(\Theta_\mathrm{e} - 20\ ^\circ\mathrm{C}\right)\right] \cdot R_\mathrm{L20} = \left[1 + 0{,}004\,\frac{1}{\mathrm{K}} \cdot (80\ ^\circ\mathrm{C} - 20\ ^\circ\mathrm{C})\right] \cdot R_\mathrm{L20}$$
$$= 1{,}24 \cdot R_\mathrm{L20}$$

Kabel 1 für 80 °C:

$$\underline{Z}_\mathrm{K1} = (R + \mathrm{j}X) \cdot l = (0{,}098\ \Omega/\mathrm{km} + \mathrm{j}0{,}079\ \Omega/\mathrm{km}) \cdot 4\ \mathrm{m}$$
$$= 0{,}392\ \mathrm{m\Omega} + \mathrm{j}0{,}316\ \mathrm{m\Omega}$$

Kabel 2 für 20 °C:

$$\underline{Z}_\mathrm{K2} = (R + \mathrm{j}X) \cdot l = (0{,}326\ \Omega/\mathrm{km} + \mathrm{j}0{,}082\ \Omega/\mathrm{km}) \cdot 50\ \mathrm{m}$$
$$= 16{,}3\ \mathrm{m\Omega} + \mathrm{j}4{,}1\ \mathrm{m\Omega}$$

4.1.2 Berechnung der Nullimpedanz

Impedanz des Transformators

Das Nullsystem tritt nur dann auf, wenn die Transformatoren auf der Niederspannungsseite direkt geerdet werden (z. B. Dyn5). Bei einem einpoligen Fehler fließt der Kurzschlussstrom über den Schutzleiter/Neutralleiter (PEN, PE) oder Erdreich zur Quelle und dann über den Außenleiter wieder zur Fehlerstelle zurück. Das Verhältnis von Null- und Mitimpedanzen in Abhängigkeit von der Schaltgruppe ist in DIN VDE 0100 Beiblatt 5:2021-06, Tabelle A.1 enthalten.

$$
\begin{aligned}
R_{(0)\mathrm{T}} &= R_{\mathrm{T}} \\
&= 2{,}62\ \mathrm{m}\Omega
\end{aligned}
$$

$$
\begin{aligned}
X_{(0)\mathrm{T}} &= 0{,}95 \cdot X_{\mathrm{T}} \\
&= 0{,}95 \cdot 9{,}8\ \mathrm{m}\Omega = 9{,}31\ \mathrm{m}\Omega
\end{aligned}
$$

$$\underline{Z}_{(0)\mathrm{T}} = 2{,}62\ \mathrm{m}\Omega + \mathrm{j}9{,}31\ \mathrm{m}\Omega$$

Impedanzen der Kabel und Leitungen

Nullimpedanzen von Kabeln und Leitungen mit den Nullwiderstandsbelägen sind in DIN VDE 0100 Beiblatt 5:2021-06, Tabelle A.7 oder in DIN EN 60909-0 Beiblatt 4 (**VDE 0102 Beiblatt 4**) enthalten. Wie zuvor erwähnt, findet man in der Literatur unterschiedliche Angaben über Nullimpedanzen.

Kabel 1:

$$R_{(0)\mathrm{L}} = 4 \cdot R_{\mathrm{L}} = 1{,}568\ \mathrm{m}\Omega$$

$$X_{(0)\mathrm{L}} = 3{,}67 \cdot X_{\mathrm{L}} = 1{,}16\ \mathrm{m}\Omega$$

$$\underline{Z}_{(0)\mathrm{K1}} = 1{,}568\ \mathrm{m}\Omega + \mathrm{j}1{,}16\ \mathrm{m}\Omega$$

Kabel 2:

$$R_{(0)\mathrm{L}} = 4 \cdot R_{\mathrm{L}} = 65{,}2\ \mathrm{m}\Omega$$

$$X_{(0)\mathrm{L}} = 3{,}67 \cdot X_{\mathrm{L}} = 15\ \mathrm{m}\Omega$$

$$\underline{Z}_{(0)\mathrm{K2}} = 65{,}2\ \mathrm{m}\Omega + \mathrm{j}15\ \mathrm{m}\Omega$$

4.1.3 Berechnung des dreipoligen Kurzschlussstroms I''_{k3}

Der dreipolige Kurzschluss ist ein symmetrischer Fehler. In allen der drei Außenleiter (L1, L2, L3) tritt der gleiche Kurzschlussbetrag auf, die Phasenlage ist um jeweils 120° gedreht. Deshalb kann der Kurzschluss nur für einen Leiter im Mitsystem im Prinzip mit dem ohmschen Gesetz berechnet werden. Alle anderen Kurzschlüsse sind unsymmetrisch und die Ströme in den Leitern sind unterschiedlich. Für die Berechnung dieser Ströme wird das Verfahren der symmetrischen Komponenten eingesetzt.

$$\underline{Z}_{\mathrm{K}} = \underline{Z}_{\mathrm{Qt}} + \underline{Z}_{\mathrm{T}} + \underline{Z}_{\mathrm{K1}} + \underline{Z}_{\mathrm{K2}} = 16{,}128\ \mathrm{m\Omega} + \mathrm{j}14{,}721\ \mathrm{m\Omega}$$

$$Z_{\mathrm{K}} = \sqrt{R^2 + X^2} = \sqrt{(16{,}128\ \mathrm{m\Omega})^2 + (14{,}721\ \mathrm{m\Omega})^2} = 21{,}836\ \mathrm{m\Omega}$$

$$I''_{\mathrm{k3}} = \frac{c \cdot U_{\mathrm{n}}}{\sqrt{3} \cdot Z_{\mathrm{K}}} = \frac{1{,}1 \cdot 400\ \mathrm{V}}{\sqrt{3} \cdot 21{,}836\ \mathrm{m\Omega}} = 11{,}63\ \mathrm{kA}$$

4.1.4 Berechnung des Stoßkurzschlussstroms

$$i_{\mathrm{p}} = \kappa \cdot \sqrt{2} \cdot I''_{\mathrm{k3}} \quad \text{und} \quad \kappa = 1{,}02 + 0{,}98 \cdot \mathrm{e}^{-\frac{3R}{X}}$$

$$i_{\mathrm{p}} = 1{,}05 \cdot \sqrt{2} \cdot 11{,}63\ \mathrm{kA} = 17{,}27\ \mathrm{kA}$$

4.1.5 Berechnung des zweipoligen Kurzschlusses I''_{k2}

$$I''_{\mathrm{k2}} = \frac{\sqrt{3}}{2} \cdot I''_{\mathrm{k3}} = \frac{\sqrt{3}}{2} \cdot 11{,}63\ \mathrm{kA} = 10{,}06\ \mathrm{kA}$$

4.1.6 Berechnung des minimalen Kurzschlussstroms $I''_{k1\min}$

$$\begin{aligned}\sum R_{\mathrm{K}} &= 2\,R_{\mathrm{Q}} + 2\,R_{\mathrm{T}} + 2\,R_{\mathrm{L1}} + 2\,R_{\mathrm{L2}} + R_{(0)\mathrm{T}} + R_{(0)\mathrm{L1}} + R_{(0)\mathrm{L2}} \\ &= 2 \cdot 0{,}050\,5\ \mathrm{m\Omega} + 2 \cdot 2{,}62\ \mathrm{m\Omega} + 2 \cdot 0{,}392\ \mathrm{m\Omega} + 2 \cdot 21{,}1\ \mathrm{m\Omega} + 2{,}62\ \mathrm{m\Omega} \\ &\quad + 1{,}568\ \mathrm{m\Omega} + 65{,}2\ \mathrm{m\Omega} \\ &= 117{,}713\ \mathrm{m\Omega}\end{aligned}$$

$$\begin{aligned}\sum X_{\mathrm{K}} &= 2\,X_{\mathrm{Q}} + 2\,X_{\mathrm{T}} + 2\,X_{\mathrm{L1}} + 2\,X_{\mathrm{L2}} + X_{(0)\mathrm{T}} + X_{(0)\mathrm{L1}} + X_{(0)\mathrm{L2}} \\ &= 2 \cdot 0{,}505\ \mathrm{m\Omega} + 2 \cdot 2{,}98\ \mathrm{m\Omega} + 2 \cdot 0{,}316\ \mathrm{m\Omega} + 2 \cdot 4{,}1\ \mathrm{m\Omega} + 9{,}31\ \mathrm{m\Omega} \\ &\quad + 1{,}16\ \mathrm{m\Omega} + 15\ \mathrm{m\Omega} \\ &= 41{,}27\ \mathrm{m\Omega}\end{aligned}$$

$$\sum R_{\mathrm{K}} = 41{,}27\ \mathrm{m\Omega}$$

$$Z_{\mathrm{K}} = \sqrt{\sum R_{\mathrm{L}}^2 + \sum X_{\mathrm{L}}^2} = \sqrt{117{,}713\ \mathrm{m\Omega}^2 + 41{,}27\ \mathrm{m\Omega}^2} = 124{,}74\ \mathrm{m\Omega}$$

$$I''_{\mathrm{k1min}} = \frac{\sqrt{3} \cdot c \cdot U_{\mathrm{n}}}{Z_{\mathrm{K}}} = \frac{\sqrt{3} \cdot 0{,}9 \cdot 400\ \mathrm{V}}{124{,}74\ \mathrm{m\Omega}} \approx 5\ \mathrm{kA}$$

4.2 Anwendungsbereich 2

Für den Anwendungsbereich 2 werden einige Vereinfachungen getroffen. Auch hier wird geprüft, ob der berechnete Kurzschlussstrom kleiner ist als der tatsächlich fließende Kurzschlussstrom. Bei dieser Methode wird auf die komplexe Rechnung verzichtet. Es werden nur einzelne Beträge der Impedanzen von Betriebsmitteln bestimmt (Bild 4.1).

4.2.1 Berechnung der Impedanzen

Impedanz der Einspeisung

$$Z_{\mathrm{Q}} = \frac{c \cdot U_{\mathrm{nQ}}^2}{S''_{\mathrm{kQ}}} = \frac{1{,}1 \cdot (400\ \mathrm{V})^2}{346{,}41\ \mathrm{MVA}} = 0{,}508\ \mathrm{m\Omega}$$

Impedanz des Transformators

$$Z_{\mathrm{T}} = \frac{u_{\mathrm{kr}} \cdot U_{\mathrm{rT}}^2}{100\ \% \cdot S_{\mathrm{rT}}} = \frac{4\ \% \cdot (400\ \mathrm{V})^2}{100\ \% \cdot 630\ \mathrm{kVA}} = 10{,}15\ \mathrm{m\Omega}$$

Impedanz der Kabel und Leitungen

Kabel 1 bei 20 °C:

$$\underline{Z}_{\mathrm{K1}} = 0{,}308\ \mathrm{m\Omega} + \mathrm{j}0{,}316\ \mathrm{m\Omega}$$

$$Z_{\mathrm{K1}} = 0{,}441\ \mathrm{m\Omega}$$

Kabel 2 bei 20 °C:

$\underline{Z}_{\text{K1}} = 13{,}15 \text{ m}\Omega + \text{j}4{,}1 \text{ m}\Omega$

$Z = 13{,}77 \text{ m}\Omega$

Kabel 1 bei 80 °C:

$Z_{\text{L1}} = 2 \cdot Z'_{\text{L1}} \cdot l = 2 \cdot 0{,}124 \ \Omega/\text{km} \cdot 4 \text{ m} = 0{,}992 \text{ m}\Omega$

Kabel 2 bei 80 °C:

$Z_{\text{L2}} = 2 \cdot Z'_{\text{L2}} \cdot l = 2 \cdot 0{,}346 \ \Omega/\text{km} \cdot 50 \text{ m} = 34{,}6 \text{ m}\Omega$

4.2.2 Berechnung des dreipoligen Kurzschlussstroms I''_{k3}

$$\begin{aligned} Z_{\text{K}} &= Z_{\text{Q}} + Z_{\text{T}} + Z_{\text{K1}} + Z_{\text{K2}} \\ &= 0{,}508 \text{ m}\Omega + 10{,}15 \text{ m}\Omega + 0{,}441 \text{ m}\Omega + 13{,}77 \text{ m}\Omega \\ &= 24{,}87 \text{ m}\Omega \end{aligned}$$

$$I''_{\text{k3}} = \frac{c \cdot U_{\text{n}}}{\sqrt{3} \cdot Z_{\text{K}}} = \frac{1{,}1 \cdot 400 \text{ V}}{\sqrt{3} \cdot 24{,}87 \text{ m}\Omega} = 10{,}21 \text{ kA}$$

4.2.3 Berechnung des einpoligen Kurzschlussstroms I''_{k1}

$$\begin{aligned} Z_{\text{K}} &= Z_{\text{Q}} + Z_{\text{T}} + Z_{\text{K1}} + Z_{\text{K2}} \\ &= 0{,}508 \text{ m}\Omega + 10{,}15 \text{ m}\Omega + 0{,}99 \text{ m}\Omega + 33{,}6 \text{ m}\Omega \\ &= 45{,}248 \text{ m}\Omega \end{aligned}$$

$$I''_{\text{k1}} = \frac{c \cdot U_{\text{n}}}{\sqrt{3} \cdot Z_{\text{K}}} = \frac{0{,}9 \cdot 400 \text{ V}}{\sqrt{3} \cdot 45{,}248 \text{ m}\Omega} = 4{,}6 \text{ kA}$$

4.3 Anwendungsbereich 3

In Wohngebäuden werden elektrische Anlagen ab dem Hausanschlusskasten ausgeführt. Dafür stehen umfangreiche DIN-Normen (z. B. DIN 18015, DIN 18014 und DIN 18012) zur Verfügung. Außerdem schreibt die TAB vor, welche Art der Erdverbindung, Schutzeinrichtungen, Kabel und Leitungen und Betriebsmittel installiert werden. Man kann also nicht falsch machen, da für die Sicherheit der elektrischen Anlagen max. Leitungslängen angegeben sind.

Für die Auslegung von Kabel- und Leitungsanlagen sowie den Überstromschutzeinrichtungen für Industrieanlagen, Wohngebäude und ähnliche genutzte Gebäude steht das Beiblatt 2 zu DIN VDE 0100-520 zur Verfügung.

Hier müssen Auswahltabellen für die Grenzlängen von Kabeln und Leitungen und Gerätekenngrößen mit spezifizierten Randparametern benutzt werden. An der Unterverteilung wird ein Steckdosenstromkreis installiert. Es soll überschlägig überprüft werden, ob der Leitungsquerschnitt und die Auswahl der Überstromschutzeinrichtung richtig durchgeführt sind und die Schutzmaßnahme Schutz durch Abschaltung eingehalten wird.

Nach DIN VDE 0100-600 werden die Endstromkreise gemessen. In der heutigen Zeit ist es möglich, mit teuren Messgeräten die ohmschen und induktiven Widerstände und daraus resultierenden alle Kurzschlussarten zu ermitteln. Dabei muss es klar sein, dass die Einflussfaktoren auf den Widerstand noch berücksichtigt werden müssen.

4.3.1 Beispiel 1: Berechnung mit der Vorimpedanz

An der Unterverteilung beträgt die Vorimpedanz 45,248 mΩ (Bild 4.1). Prüfen Sie die Abschaltbedingungen.

Zuerst werden die Daten der Leitung (Endstromkreis) ermittelt.

a) Widerstand des Leiters:

$$R_{\mathrm{L+PE}} = 1,24 \cdot \frac{2 \cdot l_3}{\kappa \cdot S} = 1,24 \cdot \frac{2 \cdot 35\ \mathrm{m}}{56\ \frac{\mathrm{m}}{\Omega\,\mathrm{mm}^2} \cdot 2,5\ \mathrm{mm}^2} = 620\ \mathrm{m}\Omega$$

$$X_{\mathrm{L+PE}} \approx x \cdot 2 \cdot l_3 = 0,082\ \mathrm{m}\Omega/\mathrm{m} \cdot 2 \cdot 35\ \mathrm{m} = 5,74\ \mathrm{m}\Omega$$

b) Reaktanz wird vernachlässigt, da $620\ \mathrm{m}\Omega \gg 5,74\ \mathrm{m}\Omega$

c) Gesamtimpedanz:

$$Z_\mathrm{S} = Z_\mathrm{V} + R_\mathrm{L+PE}$$
$$= 45{,}248\ \mathrm{m\Omega} + 620\ \mathrm{m\Omega} = 665{,}248\ \mathrm{m\Omega}$$

d) minimale Kurzschlussstrom I''_k1min:

$$I''_\mathrm{k1min} = I_\mathrm{F} = \frac{c \cdot U_\mathrm{n}}{\sqrt{3} \cdot Z_\mathrm{S}} = \frac{0{,}9 \cdot 400\ \mathrm{V}}{\sqrt{3} \cdot 665{,}248\ \mathrm{m\Omega}} = 312{,}43\ \mathrm{A}$$

e) Abschaltbedingung:

$$I''_\mathrm{k1min} > I_\mathrm{a}$$

und Abschaltstrom des Leitungsschutzschalters B16 A

$$I_\mathrm{a} = 5 \cdot I_\mathrm{n} = 5 \cdot 16\ \mathrm{A} = 80\ \mathrm{A}$$

erhält man

$$312{,}43\ \mathrm{A} > 80\ \mathrm{A}$$

Damit Schutzmaßnahme Schutz durch Abschaltung ist erfüllt.

4.3.2 Beispiel 2: Bemessung eines Abgangs

Eine Hauptverteilung wird über einen Transformator versorgt. Wählen Sie die Schutzeinrichtung für die Zuleitung aus und prüfen Sie die Abschaltbedingungen (**Bild 4.2**).

a)

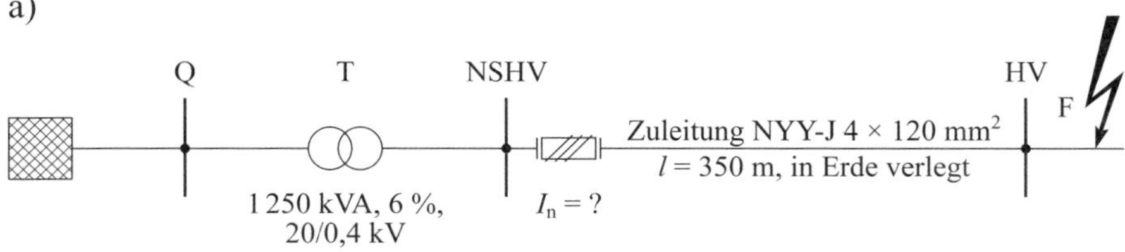

Bild 4.2 Bemessung eines Abgangs

1. Berechnen Sie den einpoligen Kurzschlussstrom:

   Die Impedanz der Einspeisung wurde vernachlässigt.

   a) Impedanz des Transformators:

   $$Z_{\mathrm{T}} = \frac{u_{\mathrm{kr}}}{100\,\%} \frac{U_{\mathrm{n}}^2}{S_{\mathrm{rT}}} = \frac{6\,\%}{100\,\%} \frac{400\ \mathrm{V}^2}{1\,250\ \mathrm{kVA}} = 0{,}076\,8\ \Omega$$

   b) Impedanz der Zuleitung (Tabelle 2.5):

   $$Z'_{\mathrm{L}} = 0{,}208\ \Omega/\mathrm{km}$$

   $$Z_{\mathrm{L}} = Z'_{\mathrm{L}} \cdot 2 \cdot l = 0{,}208\ \Omega/\mathrm{km} \cdot 2 \cdot 0{,}350\ \mathrm{km} = 0{,}908\ \Omega$$

   c) Gesamtimpedanz

   $$Z_{\mathrm{G}} = Z_{\mathrm{T}} + Z_{\mathrm{L}} = 0{,}076\,8\ \Omega + 0{,}908\ \Omega = 0{,}984\,8\ \Omega$$

   d) Berechnung des einpoligen Kurzschlussstroms

   $$I''_{\mathrm{k1}} = \frac{c \cdot U_{\mathrm{n}}}{\sqrt{3} \cdot Z_{\mathrm{G}}} = \frac{0{,}9 \cdot 400\ \mathrm{V}}{\sqrt{3} \cdot 0{,}984\,8\ \Omega} = 211\ \mathrm{A}$$

2. Wählen Sie die Sicherung nach Überlast aus:

   Die Strombelastbarkeit des Kabels beträgt 318 A, gemäß DIN VDE 0276-603.

   $$I_{\mathrm{n}} \leq \frac{1{,}45\ I_{\mathrm{z}}}{1{,}6} = \frac{1{,}45 \cdot 318\ \mathrm{A}}{1{,}6} = 288{,}18\ \mathrm{A}$$

   $I_{\mathrm{n}} = 250$ A gewählt.

3. Führen Sie den Nachweis für die Abschaltbedingung:

   Abschaltstrom I_{a} der 250-A-Sicherung beträgt in 5 s: ca. 1,6 kA (Tabelle 2.5).

   Es muss immer gelten:

   $$I''_{\mathrm{k1}} > I_{\mathrm{a}}$$

   In diesem Praxisfall ergibt sich jedoch

   $$I''_{\mathrm{k1}} = 211\ \mathrm{A} < 1{,}6\ \mathrm{kA}$$

Die Abschaltbedingung ist daher nicht erfüllt. Folgende Maßnahmen können getroffen werden:

- Querschnitt erhöhen oder
- Sicherungsgröße begrenzen.

Somit folgende Überlegungen:

4. Führen Sie den Nachweis für die Abschaltbedingung nach der Größe des Kurzschlussstroms aus:

   $I_k > 1{,}6 \cdot I_n = 1{,}6 \cdot 250\ \text{A} = 400\ \text{A}$

   Bei einer Absicherung mit 250 A ist die Abschaltbedingung nicht erfüllt.

5. Wählen Sie die Schutzeinrichtung nach der Größe des Kurzschlussstroms:

   $$I_n < \frac{I_k}{1{,}6} = \frac{211\ \text{A}}{1{,}6} = 131{,}87\ \text{A}$$

   Der Stromkreis ist mit einer Sicherung von 125 A abzusichern.

5 Bestimmung der Schleifenimpedanz

Der Schutz gegen elektrischen Schlag unter Fehlerbedingungen besteht darin, Maßnahmen vorzusehen, dass keine zu hohe Berührungsspannung, als die dauernd zulässige Berührungsspannung von 50 V Wechselspannung, bestehen bleibt.

Um dies beim Schutz durch automatische Abschaltung der Stromversorgung zu erreichen, sind die Kabel/Leitungen und die Schutzeinrichtung so auszuwählen, dass bei einem Fehler mit vernachlässigbarer Impedanz an der Fehlerstelle der zu schützende Stromkreis innerhalb der in DIN VDE 0100-410 vorgeschriebenen Abschaltzeiten abgeschaltet wird.

Der Schutz bei Kurzschluss besteht darin, Kabel/Leitungen und die Schutzeinrichtung so auszuwählen, dass im Kurzschlussfall der zu schützende Stromkreis nach DIN VDE 0100-410 so rechtzeitig abgeschaltet wird, dass die Leiter nicht über die zulässige Kurzschlusstemperatur erwärmt werden.

Zur Erreichung dieser beiden Ziele sind bei der ausgewählten Kombination von Kabel/Leitung und Schutzeinrichtung ein Mindestfehler- bzw. Mindestkurzschlussstrom erforderlich, die nur dann zum Fließen kommen, wenn entsprechende Grenzlängen der Kabel/Leitung nicht überschritten werden.

In DIN VDE 0100-410:2018-10, Abschnitt 411.4.4 (TN-System) (Bild 5.1) und DIN VDE 0100-410:2018-10, Abschnitt 411.5.4 (TT-System) (Bild 5.2) ist der Begriff der Impedanz der Fehlerschleife (allgemein Schleifenimpedanz) mit vereinfachten Beispielen für die Überprüfung des Fehlerschutzes eingeführt.

Dabei muss für die Fehlerschleife folgende Bedingung erfüllt werden:

$$Z_{\mathrm{S}} \leq \frac{U_0}{I_{\mathrm{a}}} \tag{5.1}$$

Mit:

Z_{S} Schleifenimpedanz

U_0 Leiter-Erde-Spannung

I_{a} Abschaltstrom der Überstromschutzeinrichtung

Dabei gilt für Z_{S}:

$$\sum R = R_{\mathrm{T}} + R_{\mathrm{L1}} + R_{\mathrm{PEN}} + R_{\mathrm{PE}} \tag{5.2}$$

$$\sum X = X_{\mathrm{T}} + X_{\mathrm{L1}} + X_{\mathrm{PEN}} + X_{\mathrm{PE}} \tag{5.3}$$

$$Z_S = \sqrt{\left(\sum R\right)^2 + \left(\sum X\right)^2} \tag{5.4}$$

Der Erdungswiderstand bei einem TT-System mit dem Bemessungsdifferenzstrom der RCDs $I_{\Delta n}$ beträgt:

$$R_A \leq \frac{U_T}{I_{\Delta n}} \tag{5.5}$$

Bei der Ermittlung von Schleifenimpedanz wird der ohmsche Widerstand von Kabeln und Leitungen von 20 °C auf 80 °C umgerechnet.

Die Schleifenimpedanz

Im TN-System: Impedanz der Fehlerschleife (der Stromquelle, Außenleiter bis Fehlerort, Rückleiter Fehlerort bis Stromquelle).

Im TT-System: Die Impedanz der Fehlerschleife, bestehend aus

- der Stromquelle,
- dem Außenleiter bis zum Fehlerort,
- dem Schutzleiter der Körper,
- dem Erdungsleiter,
- dem Anlagenerder und
- dem Erder der Stromquelle (Betriebserder).

Bei 400/230-V-Netzen ist die Nennwechselspannung zwischen Außenleiter und Erde 230 V. Demnach ist der Faktor c_{min} nach DIN EN 60909-0 (**VDE 0102**) für die Berechnung der minimalen Fehlerströme nicht zu berücksichtigen. Dies bedeutet, dass der zu berücksichtigende Fehlerstrom bei minimalen einpoligen Fehlern zwischen Außenleiter und PE- bzw. PEN-Leiter bei der Überprüfung nach DIN VDE 0100-410 zehn Prozent größer ist als bei der Überprüfung auf Kurzschlussfestigkeit nach DIN VDE 0100-540 unter Berücksichtigung DIN EN 60909-0 (**VDE 0102**). Die Bedingung für die Schleifenimpedanz (Gl. 5.6) kann demnach mit dem Spannungsfaktor $c_{min} = 0{,}9$ korrigiert werden:

$$Z_S \leq \frac{c_{min} \cdot U_0}{I_a} \tag{5.6}$$

Bei der Messung der Schleifenimpedanz mit einem Schleifenimpedanzmessgerät ist ein Korrekturfaktor für den Messfehler und die Eignung des Messgerätes und die Umrechnung auf die Leitertemperatur am Ende der Fehlerdauer zu berücksichtigen.

5.1 Beispiel für ein TN-System

In **Bild 5.1** sind drei unterschiedliche Stromkreise für ein TN-System aufgezeigt. Berechnen Sie die Schleifenimpedanz und den Fehlerstrom.

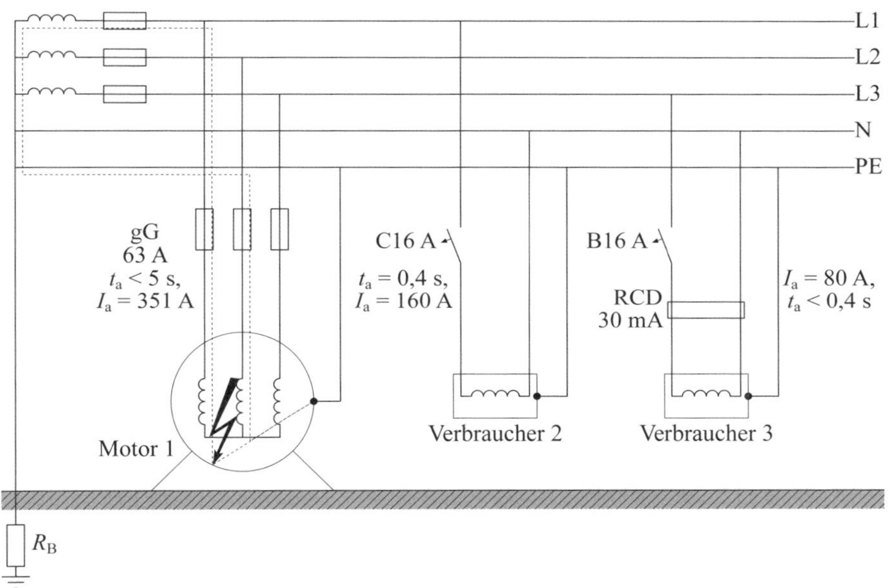

Bild 5.1 Berechnung der Schleifenimpedanz beim TN-System

Schleifenimpedanz:

Motor 1:

$$Z_S = \frac{0{,}9 \cdot 230\ \text{V}}{351\ \text{A}} = 0{,}59\ \Omega$$

Verbraucher 2:

$$Z_S = \frac{0{,}9 \cdot 230\ \text{V}}{160\ \text{A}} = 1{,}3\ \Omega$$

Verbraucher 3:

$$Z_S = \frac{50\ \text{V}}{30\ \text{mA}} = 1{,}666\ \Omega$$

Fehlerströme:

$$I_F = \frac{230\ \text{V}}{0{,}59\ \Omega} = 389{,}83\ \text{A}$$

$$I_F = \frac{230\ \text{V}}{1{,}3\ \Omega} = 176{,}92\ \text{A}$$

5.2 Beispiel für ein TT-System

In **Bild 5.2** sind drei unterschiedliche Stromkreise für ein TT-System aufgezeigt und getrennt geerdet. Berechnen Sie die Schleifenimpedanz und den Fehlerstrom.

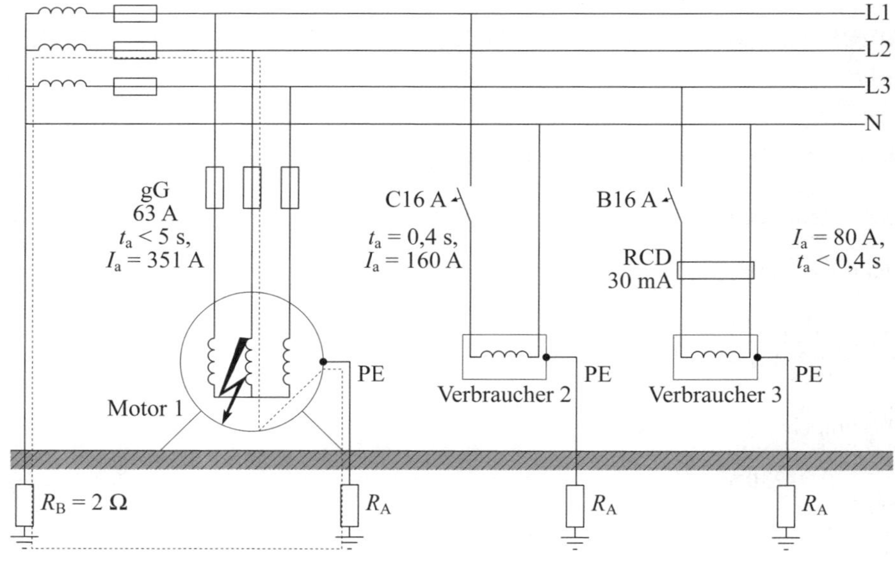

Bild 5.2 Berechnung der Schleifenimpedanz beim TT-System

Erdungswiderstände:

Motor 1:

$$R_\mathrm{A} = \frac{230\ \mathrm{V}}{351\ \mathrm{A}} = 0{,}65\ \Omega$$

Verbraucher 2:

$$R_\mathrm{A} = \frac{230\ \mathrm{V}}{160\ \mathrm{A}} = 1{,}43\ \Omega$$

Verbraucher 3:

$$R_\mathrm{A} = \frac{50\ \mathrm{V}}{30\ \mathrm{mA}} = 1{,}666\ \Omega$$

Fehlerströme:

$$I_\mathrm{F} = \frac{230\ \mathrm{V}}{2{,}65\ \Omega} = 56{,}79\ \mathrm{A}$$

$$I_\mathrm{F} = \frac{230\ \mathrm{V}}{3{,}43\ \Omega} = 67\ \mathrm{A}$$

Man sieht, dass die Fehlerströme kleiner als die Abschaltströme sind und damit die Abschaltbedingung „Schutz durch Abschaltung“ nicht eingehalten werden kann. Es ist daher der Einsatz der RCD nach DIN VDE 0100-410:2018-10, Abschnitt 411.3.3 unumgänglich.

6 Bemessung der Schutzeinrichtung

Die Auswahl der Schutzeinrichtung erfolgt nach DIN VDE 0100-430. Unterschiedliche Verlegearten, Häufung und Umgebungstemperatur können die Größe des Bemessungsstroms beeinflussen. Es ist außerdem zu berücksichtigen, dass die im Betrieb auftretenden Umgebungstemperaturen nicht notwendigerweise denen entsprechen, auf die sich die Angaben der Hersteller beziehen. Daraus resultierende Reduktionsfaktoren sind beim Hersteller zu erfragen.

Schutzeinrichtungen müssen den Schutz sowohl bei Überlast als auch bei Kurzschluss sicherstellen. Außerdem müssen sie jeden Überstrom bis einschließlich des unbeeinflussten Kurzschlussstroms an der Einbaustelle der Schutzeinrichtung unterbrechen und bei Leistungsschaltern/Leitungsschutzschaltern auch einschalten können.

Solche Einrichtungen dürfen sein:

- Leistungsschalter/Leitungsschutzschalter mit integriertem Überlast- und Kurzschlussauslöser,
- Leistungsschalter in Zusammenwirken mit Sicherungen,
- Sicherungen mit Sicherungseinsätzen der Charakteristik gG,
- Fehlerstromschutzeinrichtungen (RCD),
- Isolationsüberwachungseinrichtungen,
- Differenzstromüberwachung.

Die Schutzeinrichtung für den Kurzschluss muss in der Lage sein, den größten unbeeinflussten Kurzschlussstrom des Stromkreises abzuschalten. Ein geringeres Bemessungsausschaltvermögen ist zulässig, wenn eine andere Schutzeinrichtung mit dem erforderlichen Ausschaltvermögen auf der Versorgungsseite errichtet wird.

Leitungsschutzschalter (MCB) und ihre Kennlinien sind in **Bild 6.1** dargestellt.

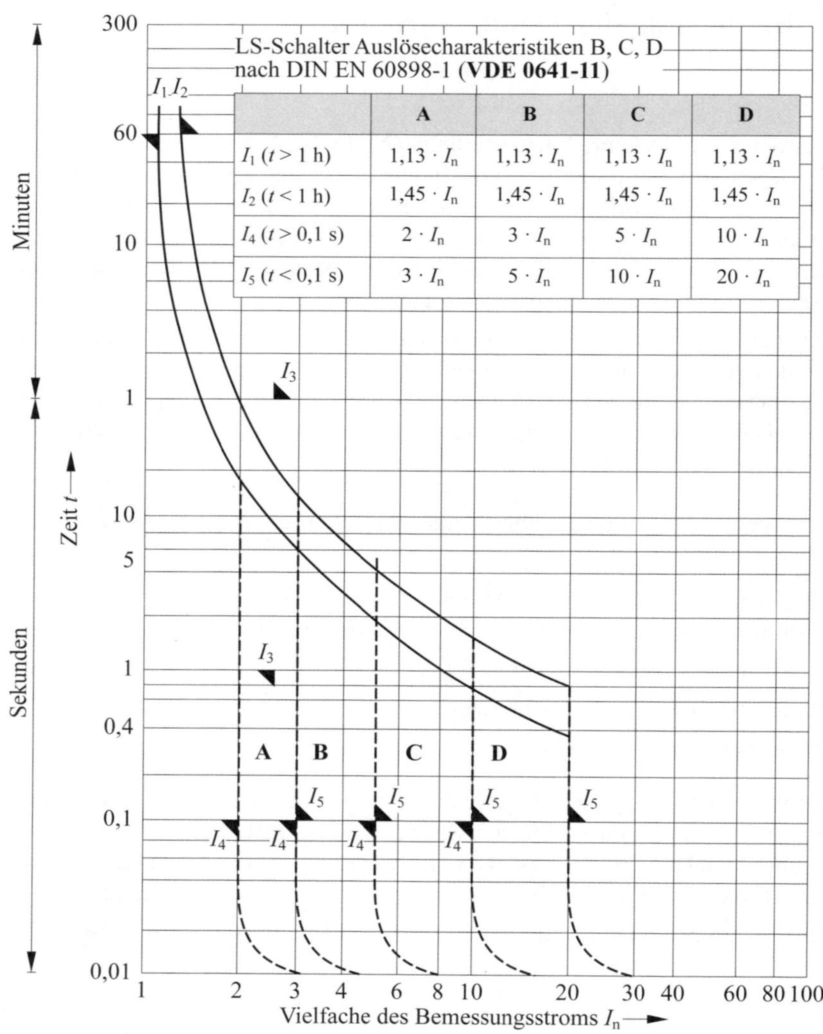

	A	B	C	D
I_1 ($t > 1$ h)	$1{,}13 \cdot I_n$	$1{,}13 \cdot I_n$	$1{,}13 \cdot I_n$	$1{,}13 \cdot I_n$
I_2 ($t < 1$ h)	$1{,}45 \cdot I_n$	$1{,}45 \cdot I_n$	$1{,}45 \cdot I_n$	$1{,}45 \cdot I_n$
I_4 ($t > 0{,}1$ s)	$2 \cdot I_n$	$3 \cdot I_n$	$5 \cdot I_n$	$10 \cdot I_n$
I_5 ($t < 0{,}1$ s)	$3 \cdot I_n$	$5 \cdot I_n$	$10 \cdot I_n$	$20 \cdot I_n$

Bild 6.1 Leitungsschutzschalter (MCB) und ihre Kennlinien

Folgende Überstromschutzeinrichtungen können in elektrischen Anlagen eingesetzt werden:

1. NH-Sicherungen (DIN VDE 0636-2),
2. Teilbereichssicherungen Motorschutz aM DIN EN 60269-1 (**VDE 0636-1**),
3. Niederspannungsleistungsschalter (DIN EN 60947-2 (**VDE 0660-101**)) (strombegrenzend – MCCB: molded case circuit breaker – oder nicht strombegrenzend – ACB),
4. Niederspannungsleitungsschutzschalter (MCB: miniature circuit breaker nach DIN EN 60898-1 (**VDE 0641-11**))

Niederspannungs-Schutzgerätekombinationen in Energierichtung können bei den nacheinander geschalteten Verteilern folgende Schutzgeräte in Reihe liegen:

- Sicherung mit nachgeordneter Sicherung,
- Leistungsschalter mit nachgeordnetem Leitungsschutzschalter,
- Leistungsschalter mit nachgeordneter Sicherung,
- Sicherung mit nachgeordnetem Leistungsschalter,
- Sicherung mit nachgeordnetem Leitungsschutzschalter,
- mehrere parallele Einspeisungen (mit oder ohne Kupplungen) mit nachgeordnetem Leistungsschalter oder nachgeordneter Sicherung.

Die Zuordnung der Bezugswerte von Überstromschutzeinrichtungen wird im **Bild 6.2** dargestellt.

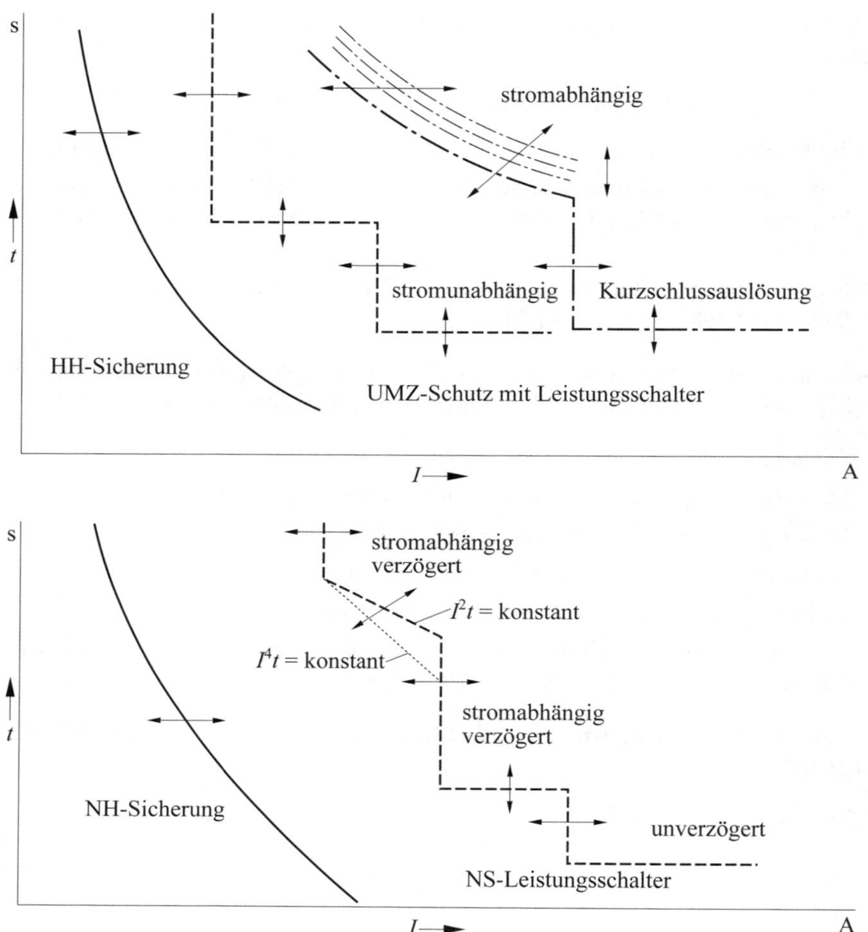

Bild 6.2 Überstromschutzeinrichtungen und ihre Kennlinien

7 Bestimmung der Leiterquerschnitte

Die Strombelastbarkeit eines Kabels oder einer Leitung ist abhängig vom Leiterquerschnitt und -material, des Weiteren von der Verlegungsart, der Häufung von Leitungen und Kabeln, der Umgebungstemperatur, der Betriebstemperatur, der Anzahl der Adern und dem Isolierstoff, die bei der Bemessung von Leitungen und Kabeln durch Umrechnungsfaktoren berücksichtigt werden müssen.

Werte für die Strombelastbarkeit in Abhängigkeit vom Leiterquerschnitt und fallweise zu berücksichtigende Korrekturfaktoren für Kabel und Leitungen für feste Verlegung in und an Gebäuden sowie von flexiblen Leitungen sind in DIN VDE 0298-4 enthalten. Zusätzliche Reduktionsfaktoren sind beim Auftreten von Oberschwingungen in Lastströmen von Verbrauchern anzuwenden. Nähere Angaben finden sich in DIN VDE 0100-520 Beiblatt 3.

Die Wahl des Leiterquerschnitts erfolgt nach der Belastbarkeit des Kabels oder der Leitung im ungestörten Betrieb und beim Kurzschluss.

7.1 Beispiel: Zuleitung einer Verteilung

Gegeben: $I_{\mathrm{B}} = 170$ A, $I_{\mathrm{n}} = 200$ A, gG/NH00, Verlegeart C, ein- oder mehradrige Kabel oder Mantelleitungen frei auf der Wand, verlegt mit drei belasteten Adern, Umgebungstemperatur von 25 °C, mit Häufung zwei Systeme. Berechnen Sie die Strombelastbarkeit und den Leiterquerschnitt. Korrekturfaktor für die Temperatur: 1,06 und für die Wandverlegung: 0,94 (zwei Kabel).

Bemessungsregel:

$$I_{\mathrm{z}} = \frac{I_{\mathrm{n}}}{f_1\, f_2} = \frac{200\ \mathrm{A}}{1{,}06 \cdot 0{,}94} = 200{,}72\ \mathrm{A}$$

Auslöseregel:

$$I_{\mathrm{z}} = \frac{I_2}{1{,}45} \cdot \frac{1}{f_1\, f_2} = \frac{200\ \mathrm{A} \cdot 1{,}6}{1{,}45} \cdot \frac{1}{1{,}06 \cdot 0{,}94} = 220{,}68\ \mathrm{A}$$

I_{r} nach DIN VDE 0298-4:2023-06, Tabelle A.2 beträgt: 236 A mit NYY-J 4 × 95 mm^2.

7.2 Beispiel: Motorzuleitung

Gegeben ist ein Drehstrommotor mit 75 kW, 400 V, 50 Hz, $\cos\varphi = 0{,}88$, $\eta = 91$. Der Motor ist mit einer Leitung von 55 m Länge angeschlossen. Die Leitung wird auf Kabelpritsche mit fünf weiteren Leitungen frei in Luft angeschlossen. Die Umgebungstemperatur beträgt 50 °C. Der Spannungsfall darf 5 % betragen.

Berechnen Sie die Strombelastbarkeit und den Leiterquerschnitt.

Betriebsstrom des Motors:

$$I_{\mathrm{B}} = I_{\mathrm{rM}} = \frac{P_{\mathrm{rM}}}{\sqrt{3} \cdot U_{\mathrm{n}} \cdot \cos\varphi \cdot \eta} = \frac{75\ \mathrm{kW}}{\sqrt{3} \cdot 400\ \mathrm{V} \cdot 0{,}88 \cdot 0{,}91} = 135{,}18\ \mathrm{A}$$

Nach DIN VDE 0298-4:2013-06, Tabelle 3, Spalte 11 beträgt: $I_{\mathrm{r}} = 144$ A mit NYY-J 3 × 50/35 mm².

Mit Umrechnungsfaktoren erhält man:

- für Umgebungstemperatur: nach DIN VDE 0298-4:2023-06, Tabelle 17: 0,71
- für fünf weitere Leitungen: nach DIN VDE 0298-4:2023-06, Tabelle 23: 0,77

Neue Strombelastbarkeit beträgt:

$$I_{\mathrm{z}} = \frac{I_{\mathrm{r}}}{f_1\, f_2} = \frac{144\ \mathrm{A}}{0{,}71 \cdot 0{,}77} = 263{,}39\ \mathrm{A}$$

Damit beträgt der neue Querschnitt der Leitung nach DIN VDE 0298-4:2023-06, Tabelle 3, Spalte 11, NYY-J 3 × 120/70 mm².

Der Querschnitt nach dem Spannungsfall:

$$S = \frac{\sqrt{3} \cdot I_{\mathrm{B}} \cdot l \cdot \cos\varphi \cdot 1{,}12 \cdot 100\ \%}{\kappa \cdot \Delta u \cdot U_{\mathrm{n}}}$$

$$= \frac{\sqrt{3} \cdot 135{,}18\ \mathrm{A} \cdot 55\ \mathrm{m} \cdot 0{,}88 \cdot 1{,}12 \cdot 100\ \%}{56\ \frac{\mathrm{m}}{\Omega\,\mathrm{mm}^2} \cdot 5\ \% \cdot 400\ \mathrm{V}} = 11{,}33\ \mathrm{mm}^2$$

Damit gilt: $I_{\mathrm{rM}} = 135{,}18$ A, $I_{\mathrm{r}} = 140$ A, $I_{\mathrm{z}} = 142$ A

8 Überprüfung auf Schutz bei Überlast

Der Überlaststrom ist größer als der Bemessungsstrom des Verbrauchers und entsteht im Allgemeinen im fehlerfreien Betriebszustand. Hohe Belastung eines Motors oder gleichzeitige Benutzung mehrerer Betriebsmittel können zu einer Überlastung des Kabels oder der Leitung führen.

Der Schutz bei Überlast nach DIN VDE 0100-430 besteht darin, an Endstromkreisen Überstromschutzeinrichtungen vorzusehen, die den Stromkreis unterbrechen, wenn der Strom in mindestens einem Leiter den Wert der Strombelastbarkeit überschreitet und eine für die Leiterisolierung und die Umgebung der Kabel/Leitungen schädliche Erwärmung verursachen kann.

Die Zuordnung der Bezugswerte von Leitungen und Überstromschutzeinrichtungen wird im **Bild 8.1** dargestellt.

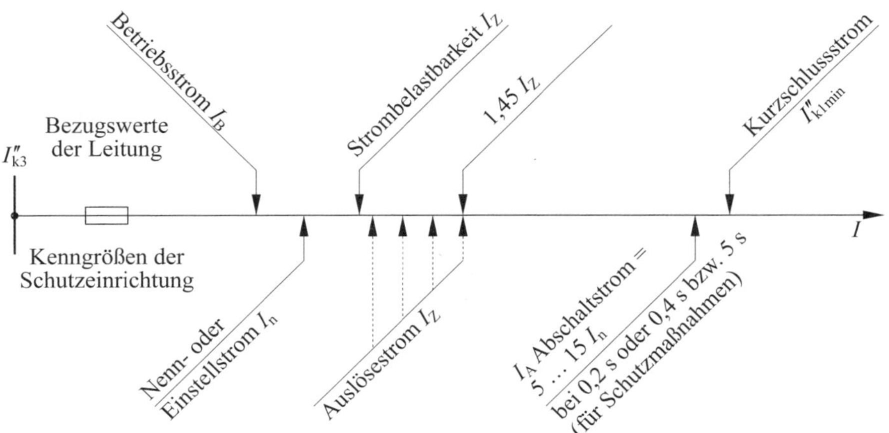

Bild 8.1 Zuordnung der Bezugswerte von Leitung und Überstromschutzeinrichtung

Für den Schutz bei Überlast müssen die Bemessungsstromregel Gl. (8.1) und die Auslöseregel Gl. (8.2) erfüllt sein:

$$I_B \leq I_n \leq I_Z \tag{8.1}$$

$$I_2 \leq 1{,}45 \cdot I_Z \tag{8.2}$$

Mit:

I_B Betriebsstrom des betrachteten Stromkreises,

I_n Bemessungsstrom der Schutzeinrichtung bzw. Einstellwert des Überlastauslösers,

I_Z zulässige Strombelastbarkeit von Kabeln/Leitungen bzw. Stromschienenverteilern,

I_2 Strom, der das sichere Auslösen der Schutzeinrichtung bewirkt

Der Strom I_2, der in der festgelegten Zeit das wirksame Ansprechen der Schutzeinrichtung sicherstellt, kann entsprechen der Produktnorm auch als I_t oder I_f bezeichnet sein.

Für Schutzeinrichtungen in Übereinstimmung DIN EN 60898-1/-2 (**VDE 0641-11/-12**) oder mit DIN EN 60947-2 (**VDE 0660-101**) ist bei Übereinstimmung mit der Gl. (8.1) nicht separat nachzuweisen.

Für alle anderen Überstromschutzeinrichtungen ist zusätzlich die Einhaltung der Gl. (8.2) zu prüfen.

I_2 entspricht dem konventionellen Auslösestrom in Übereinstimmung mit

- DIN EN 60898-1/-2 (**VDE 0641-11/-12**) für Leitungsschutzschalter,
- DIN VDE 0642-21 für selektive Hauptleitungsschutzschalter,
- DIN EN 60947-2/-6-2 (**VDE 0660-101/-115**) für Leistungsschalter; oder
- DIN VDE 0636-2 und DIN VDE 0636-3 für gG-Sicherungen.

Dabei ist zu berücksichtigen, dass die Einhaltung der oben aufgeführten Bedingungen den Schutz in bestimmten Fällen nicht sicherstellt, z. B., wenn lang andauernde Überströme kleiner als I_2 auftreten. In solchen Fällen sollte die Auswahl eines Kabels/einer Leitung mit größerem Querschnitt geprüft werden.

Die Auswahl von Schutzeinrichtungen mit einem festgelegten Wert für I_2, der unterhalb von $1{,}45 \cdot I_Z$ liegt, kann zu einem verbesserten Schutz bei Überlastströmen führen.

Die Bedingung nach Gl. (8.1) stellt nicht immer den vollständigen Schutz der Kabel und Leitungen bei Überlast sicher, insbesondere dann nicht, wenn Überlastströme längere Zeit auftreten können, die kleiner sind als der große Prüfstrom I_2 (thermischer Auslösestrom) der Überstromschutzeinrichtung. Deshalb sind Stromkreise so zu gestalten, dass kleine Überlastungen von langer Dauer nicht regelmäßig auftreten können.

Der vollständige Schutz wird erleichtert, wenn der große Prüfstrom I_2 der Überstromschutzeinrichtung kleiner als der zulässigen Strombelastbarkeit I_Z ist. Dies bedeutet in der Regel die Auswahl eines höheren Querschnitts.

Überstromschutzeinrichtungen, deren großer Prüfstrom I_2 möglichst gering über dem Wert für den Bemessungsstrom I_n liegt, bieten einen besseren Schutz als eine Schutzeinrichtung, die nur die o. g. Gl. (8.2) erfüllen.

Beispiel: Motorzuleitung

Der Bemessungsstrom des Motors wurde vorher berechnet $I_{rM} = 135{,}18$ A. Damit gilt mit der Bemessungsstromregel:

$I_B \leq I_n \leq I_Z$

Für eine Sicherung:

$3 \times 150/70$ mm^2

$I_{rM} = 135{,}18$ A, $I_n = 160$ A, $I_Z = 164$ A

Für einen Leistungsschalter:

$3 \times 120/70$ mm^2

$I_{rM} = 135{,}18$ A, $I_n = 160$ A, eingestellt auf $I_r = 140$ A, $I_Z = 142$ A

9 Überprüfung auf Schutz bei Kurzschluss

Kabel und Leitungen werden beim Kurzschluss sowohl thermisch als auch mechanisch belastet. Der Leiter darf nicht über die zulässige Kurzschlusstemperatur erwärmt werden. Die Anfangstemperatur und die Kurzschlussdauer müssen bei der Berechnung berücksichtigt werden. Die thermische Beanspruchung der Leiter hängt von der Größe, dem zeitlichen Verlauf und der Dauer des Kurzschlussstroms ab. Der thermisch gleichwertige Kurzschlussstrom wird mit der zeitabhängigen Wärmewirkung von Gleich- und Wechselstromanteilen des Kurzschlussstroms zur Überprüfung der thermischen Kurzschlussfestigkeit herangezogen.

9.1 Allgemeines

Der Schutz bei Kurzschluss in einem Stromkreis ist dadurch sicherzustellen, dass das Ein- bzw. Ausschaltvermögen der Überstromschutzeinrichtung mindestens der max. auftretenden Kurzschlussbelastung am Einbauort entspricht; $I_{\mathrm{cn}} \geq I''_{\mathrm{k3}}$.

Allgemein ist folgende Bedingung für eine Kurzschlussdauer bis 5 s bei einer Energiebetrachtung zu erfüllen:

$$I_{\mathrm{k}}^2 \cdot t_{\mathrm{k}} \leq k^2 \cdot S^2 \tag{9.1}$$

mit:

t_{k} Kurzschlussdauer in s;

S Leiterquerschnitt in mm^2;

I_{k} wirksamer Kurzschlussstrom in A (Effektivwert);

k Faktor, der Widerstand, Temperaturkoeffizient und Wärmekapazität des Leitermaterials und die entsprechende Anfangs- und Endtemperaturen berücksichtigt

Damit wird sichergestellt, dass die dem Leiter zugeführte Energie (I^2t) nicht zu einer unzulässigen Erwärmung des Isolationsmaterials führt.

9.2 Zulässige Kurzschlussdauer

Bei Kurzschlüssen mit einer Dauer bis einschließlich 5 s kann nach DIN VDE 0100-430:2010-10, Abschnitt 434.5.2 näherungsweise die Zeit, in der ein gegebener Kurzschlussstrom die Isolierung der Leiter von der höchstzulässigen Temperatur im Normalbetrieb (Anfangstemperatur) bis zur Grenztemperatur (Endtemperatur) erwärmt, durch folgende Bedingung bestimmt werden:

$$t_\mathrm{k} \leq \frac{k^2 \cdot S^2}{I_\mathrm{k}^2} \tag{9.2}$$

Setzt man die auf 1 s bezogene Bemessungskurzschlussstromdichte J_thr in $\mathrm{A/mm}^2$ nach DIN VDE 0298-4:2023-06 in die Bedingung ein, ergibt sich für die höchstens zulässige Kurzschlusszeit t_k:

$$t_\mathrm{k} \leq \frac{\left(J_\mathrm{thr} \cdot S\right)^2}{I_\mathrm{k}^2} \cdot t_\mathrm{kr} \tag{9.3}$$

Dabei ist:

J_thr Kurzzeitstromdichte nach DIN VDE 0298-4:2023-06, Tabelle 29;

T_kr Bemessungskurzschlussdauer 1 s

9.3 Schutz bei Kurzschluss im Zeitbereich t_k < 0,1 s

Bei Kurzschlussausschaltzeiten $t_\mathrm{k} < 0{,}1$ s kann einerseits der Einfluss der Gleichstromkomponente des Kurzschlussstroms auf die Kurzschlussenergie nicht mehr vernachlässigt und andererseits muss der Einfluss strombegrenzender Kurzschlusseinrichtungen, wie Sicherungen, Leistungsschalter und Leitungsschutzschalter auf den Stromverlauf und damit die Kurzschlussenergie berücksichtigt werden.

Statt der allgemeinen Größen $I_\mathrm{k}^2 \cdot t_\mathrm{k}$ sind die von den Herstellern der Kurzschlusseinrichtungen angegebenen Durchlassenergiewerte $\left(I^2 t\right)_\mathrm{D}$ in Bedingung Gl. (9.2) bzw. Gl. (9.3) einzusetzen.

Bedingung Gl. (9.4) ändert sich für Kurzschlussausschaltzeiten < 0,1 s in:

$$\left(I^2 t\right)_\mathrm{D} \leq k^2 \cdot S^2 \tag{9.4}$$

9.4 Grafische Darstellung des Schutzes bei Kurzschluss

Die grafische Darstellung der Funktion $t_k = f(I_k)$ ist die Grenztemperaturkurve $k^2 S^2$ des Kabels bzw. der Leitung. Eingetragen in ein Strom-Zeit-Diagramm mit doppelt logarithmischem Maßstab ist sie eine Gerade.

Der Geltungsbereich dieser Funktion, bezogen auf die Zuordnung des Schutzes bei Kurzschluss zu einem Leiterquerschnitt, wird begrenzt durch

- die max. Kurzschlussstrombelastung am **Anfang** und
- den mindestens erforderlichen Fehlerstrom $I_{k\,erf}$ bei einem Fehler am **Ende** des Stromkreises.

9.5 Maximale Kurzschlussstromstrombelastung am Anfang des Stromkreises

Für die Überprüfung der max. Kurzschlussstrombelastbarkeit können die Herstellerangaben der eingesetzten Schutzeinrichtungen herangezogen werden. Statt der Herstellerangaben können auch die in den Geräteprüfbestimmungen angegebenen zulässigen Maximalwerte für die Beurteilung der Kurzschlussfestigkeit benutzt werden.

Beispiel Schmelzsicherung

Für Schmelzsicherungen der Betriebsklasse gG bis 63 A liegt die Abschaltenergie $I^2 t_{max}$ laut üblicher Herstellerangaben unter 27 000 A^2s bei Abschaltzeiten bis 0,01 s (DIN VDE 0100 Beiblatt 5:2021-06, Tabelle A.10). Eine Leitung mit einem Cu-Leiter von 1,5 mm^2 und PVC-Isolierung (zulässiger k^2S^2-Grenzwert 29 756 A^2s) ist damit ausreichend, bis zu ihrem Bemessungskurzschlussausschaltvermögen, gegen die Auswirkungen der max. Kurzschlussstrombelastung am Anfang des Stromkreises geschützt (**Bild 9.1**).

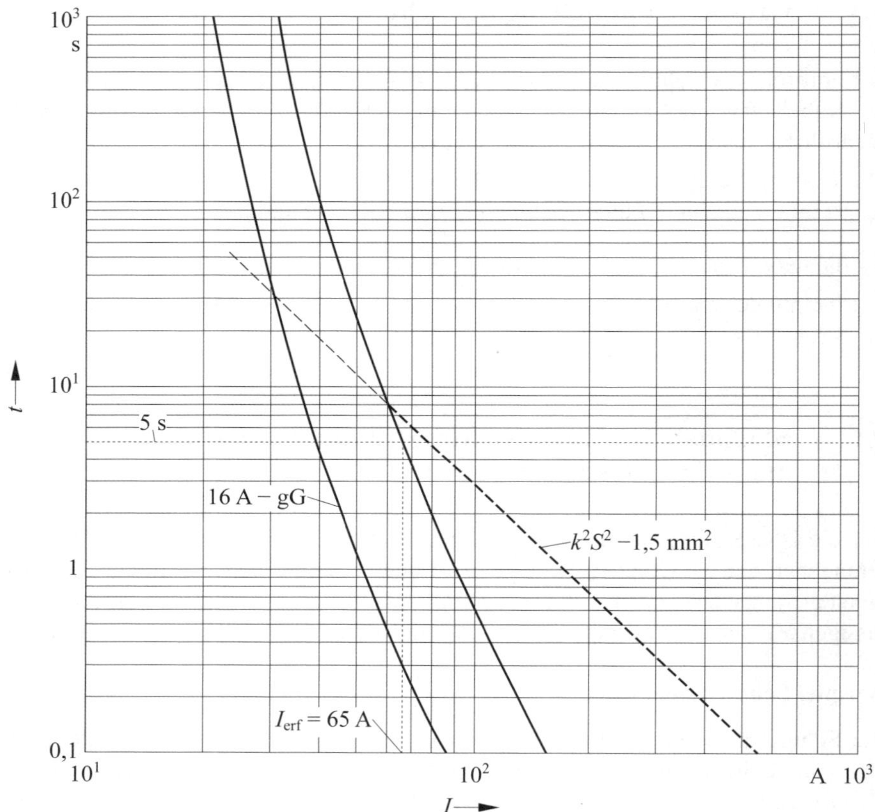

Bild 9.1 Schutz bei Kurzschluss

Beispiel Leitungsschutzschalter

Bei Leitungsschutzschalter sind die Herstellerangaben zu den Durchlass-I^2t-Werten in Abhängigkeit vom unbeeinflussten Kurzschlussstrom zu beachten. Der erforderliche minimale Fehlerstrom ist abhängig von den Auslöse-Charakteristiken B und C nach DIN EN 60898-1/-2 (**VDE 0641-11/-12**) und vom Bemessungsstrom I_n. Energiebegrenzungsklassen sind unter Berücksichtigung von max. zulässigen Durchlass-I^2t-Werten abhängig vom Bemessungsausschaltvermögen zugeordnet (siehe DIN VDE 0100 Beiblatt 5:2021-06, Tabelle A.11). Wenn der Kurzschlussschutz eines Leiters durch den gewählten Leitungsschutzschalter nicht sichergestellt ist, muss dieser Schutz durch einen Back-up-Schutz erfolgen.

Bild 9.2 zeigt ein Beispiel für den Schutz bei Kurzschluss einer Leitung mit 1,5 mm² Cu-Leiterisolierung durch Leitungsschutzschalter 16 A Charakteristik B.

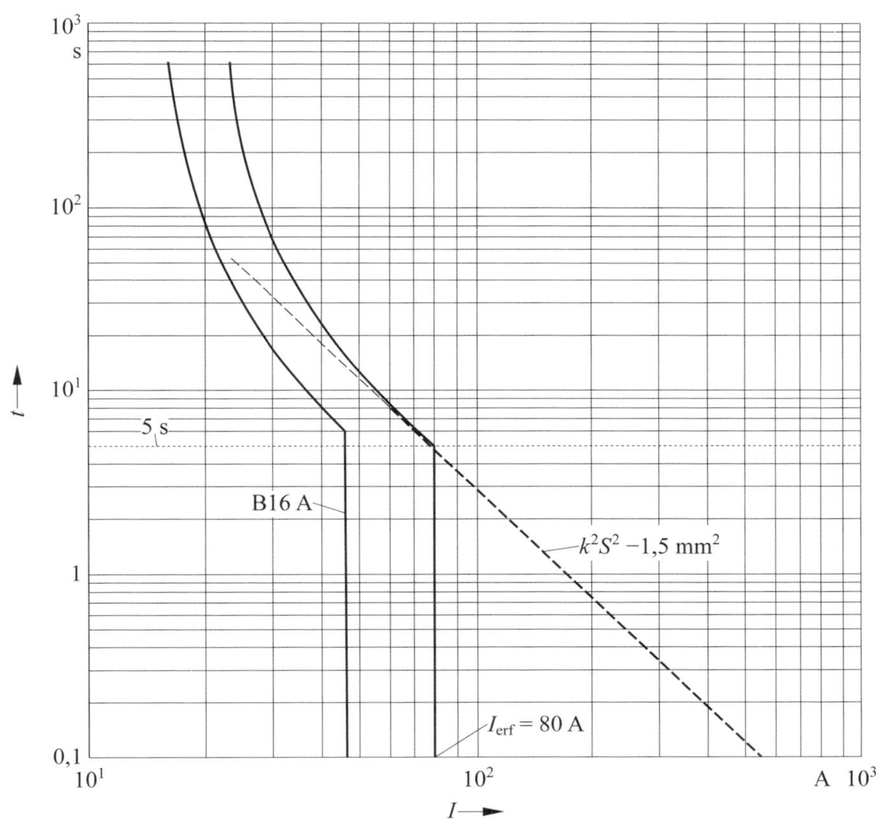

Bild 9.2 Schutz bei Kurzschluss

Beispiel Leistungsschalter

Für die Leistungsschalter sind immer die Herstellerangaben zu berücksichtigen, da keine allgemeinen Prüfgrenzwerte in den Gerätenormen vorgegeben sind.

9.6 Mindestens erforderlicher Fehlerstrom $I_{k\,erf}$ bei einem Fehler am Ende des Stromkreises

Um ein Abschalten der Kurzschlusseinrichtungen vor Erreichen

- der max. Fehlerzeit bis 5 s oder
- der max. zulässigen Leiterendtemperatur

sicherstellen, muss der Fehlerstrom bei einem Fehler am Ende des Stromkreises größer oder gleich dem $I_{k\,erf}$ der Kurzschlusseinrichtungen sein. Dabei sind die Erhöhung der Leitertemperatur am Ende der Fehlerzeit bei der Ermittlung des kleinsten Fehlerstroms und die max. Abschaltzeit zu berücksichtigen.

10 Beispiele zu Überlast und Kurzschluss

Das Beispiel wollen wir nun hier verwenden, um den Schutz bei Überströmen zu überprüfen. Die Daten der Anlage sind dem **Bild 10.1** zu entnehmen. Die Einflussgrößen wie die Temperatur und Häufung sind nicht für die ganze Anlage berücksichtigt. Beispielhaft wird die Zuleitung zum Unterverteiler gezeigt. Die Berechnung erfolgt bei 30 °C.

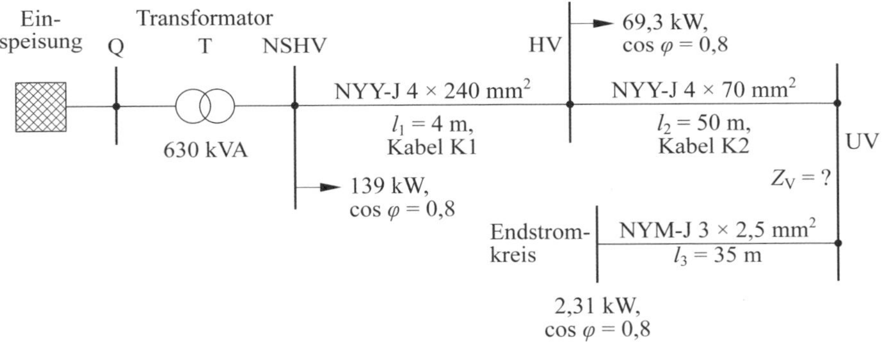

Bild 10.1 Netzplan der Beispielberechnung

Überlast entsteht gewollt oder ungewollt durch einen Fehler. Der Überlaststrom ist größer als der Bemessungsstrom und entsteht im fehlerfreien Betriebszustand. Hohe Belastung eines Motors oder gleichzeitige Benutzung mehrerer Betriebsmittel kann zu einer Überlastung des Kabels oder der Leitung führen.

Kurzschlussstrom ist in der Regel größer als der Überlaststrom. Er muss in der angegebenen Zeit sofort abgeschaltet werden, damit Kabel und Leitungen nicht beschädigt werden. Der Bemessungsausschaltvermögen größer sein muss als der dreipolige Kurzschlussstrom, der wiederum für die mechanische Festigkeit der Anlage maßgebend ist.

Der unbeeinflusste Kurzschlussstrom wurde für jede relevante Stelle des Beispiels bestimmt.

Wir betrachten nun einzelne Stromkreise und prüfen die Bedingungen für Überströme.

10.1 Endstromkreis

Gegeben sind:

$P_{\text{Last}} = 2{,}31$ kW, $\cos\varphi = 0{,}8$, $U_0 = 230$ V und 50 Hz.

Man erhält den Betriebsstrom aus

$$I_B = \frac{P}{U_0 \cdot \cos\varphi} = \frac{2{,}31\,\text{kW}}{230\,\text{V} \cdot 0{,}8} = 12{,}55\,\text{A}\,.$$

Die Leitung ist mit einem Leitungsschutzschalter B16 A abgesichert. Verlegeart der Leitung ist auf der Wand C. Die Strombelastbarkeit der Leitung beträgt nach DIN VDE 0298-4 $I_Z = 27$ A.

Schutz bei Überlast

Mit der Bemessungsstromregel ergibt sich:

$$I_B \leq I_n \leq I_Z, \quad 12{,}55\,\text{A} \leq 16\,\text{A} \leq 27\,\text{A}$$

Ausgewählt wird ein Querschnitt von NYM-J 3 × 2,5 mm^2

Wir prüfen noch die Auslöseregel. Für den Leitungsschutzschalter Typ B gilt:

$$I_2 \leq 1{,}45 \cdot I_n \cdot I_2 \leq 1{,}45 \cdot 16\,\text{A} = 23{,}2\,\text{A}$$

$$I_2 \leq 1{,}45 \cdot I_Z \cdot I_2 \leq 1{,}45 \cdot 27\,\text{A} = 39{,}15\,\text{A}$$

$$23{,}2\,\text{A} \leq 39{,}15\,\text{A}$$

Der Schutz bei Überlast ist damit korrekt dimensioniert.

Fazit

Bei jedem Stromkreis müssen noch die Verlegeart, abweichende Umgebungstemperatur, Häufung und Belastbarkeit der Schutzeinrichtung berücksichtigt werden.

Schutz bei Kurzschluss

An der Unterverteilung beträgt der dreipolige Kurzschlussstrom 11 kA. Damit kann das Bemessungsausschaltvermögen der Schutzeinrichtung $I_{cn} = 10$ kA gewählt werden.

Zulässige Kurzschlussdauer

Bei Kurzschlüssen mit einer Dauer bis einschließlich 5 s kann nach DIN VDE 0100-430:2010-10, Abschnitt 434.5.2 näherungsweise die Abschaltzeit durch folgende Bedingung bestimmt werden:

$$t_k \le \left(\frac{k \cdot S}{I_k}\right)^2 = \left(\frac{115\ \text{A}\sqrt{\text{s}} \cdot 2{,}5\ \text{mm}^2}{\text{mm}^2 \cdot 323\ \text{A}}\right)^2 = 0{,}79\ \text{s}$$

Die Abschaltzeit des Leitungsschutzschalters beträgt < 0,01 s.

10.2 Unterverteilung (UV)

Gegeben sind:

$P_{\text{Last}} = 69{,}282$ kW, $\cos\varphi = 0{,}8$, $U_n = 400$ V und 50 Hz.

Erhält man

$$I_B = \frac{P}{\sqrt{3} \cdot U_n \cdot \cos\varphi} = \frac{69{,}282\ \text{kW}}{\sqrt{3} \cdot 400\ \text{V} \cdot 0{,}8} = 125\ \text{A}$$

Gesamtstrom für die Leitung:

$$I_{\text{GHV}} = I_B + I_{\text{BSD}} = 125\ \text{A} + 12{,}55\ \text{A} = 137{,}55\ \text{A}$$

Nach DIN VDE 0298-4:2023-06, Tabelle 3, Verlegung auf einer Wand C.

Schutz bei Überlast

Mit der Bemessungsstromregel ergibt sich:

$$I_B \le I_n \le I_Z = 137{,}55\ \text{A} \le 160\ \text{A} \le 184\ \text{A}$$

$$I_r = 160\ \text{A}$$

Das ergibt ein Kabel von NYY-J 4 × 70 mm^2.

Schutz bei Kurzschluss

An der Unterverteilung beträgt der dreipolige Kurzschlussstrom 22 kA. Damit kann das Bemessungsausschaltvermögen der Schutzeinrichtung $I_{\text{cn}} = 125$ kA gewählt werden.

Zulässige Kurzschlussdauer

$$t_\mathrm{k} \le \left(\frac{k \cdot S}{I_\mathrm{k}}\right)^2 = \left(\frac{115\ \mathrm{A}\sqrt{\mathrm{s}} \cdot 70\ \mathrm{mm}^2}{\mathrm{mm}^2 \cdot 5\,430\ \mathrm{A}}\right)^2 = 2{,}19\ \mathrm{s}$$

Die Abschaltzeit der Sicherung beträgt < 0,05 ms.

Berücksichtigung der Einflussfaktoren

Es sei angenommen, dass die Zuleitung mit weiteren drei Leitungen im Rohr auf der Wand verlegt ist. Die Umgebungstemperatur beträgt 50 °C.

Wir berechnen unter diesen Bedingungen den neuen Querschnitt.

Zuerst ermitteln wir die Reduktionsfaktoren für die Temperatur und Häufung.

Nach DIN VDE 0298-4 „Verwendung von Kabeln und isolierten Leitungen für Starkstromanlagen – Teil 4: Empfohlene Werte für die Strombelastbarkeit von Kabeln und Leitungen für feste Verlegung in und an Gebäuden und von flexiblen Leitungen" erhalten wir von

- der DIN VDE 0298-4:2023-06, Tabelle 17 für die Umgebungstemperatur $f_1 = 0{,}71$,
- der DIN VDE 0298-4:2023-06, Tabelle 21 für die Häufung $f_2 = 0{,}65$.

Wir zeigen Schritt für Schritt zwei unterschiedliche Vorgehensweisen.

Beim ersten Schritt können wir die tatsächliche Strombelastbarkeit mit den Einflussfaktoren multiplizieren, bis die Bemessungsstromregel erfüllt wird. Bei dieser Methode wird jedes Mal der Querschnitt der Leitung erhöht und die zulässige Strombelastbarkeit in die Formel eingesetzt und multipliziert.

$$I'_\mathrm{Z} = I_\mathrm{r} \cdot f_1 \cdot f_2 = 184\ \mathrm{A} \cdot 0{,}71 \cdot 0{,}65 = 84{,}91\ \mathrm{A}$$

$$I'_\mathrm{Z} = I_\mathrm{r} \cdot f_1 \cdot f_2 = 223\ \mathrm{A} \cdot 0{,}71 \cdot 0{,}65 = 102{,}91\ \mathrm{A}$$

$$I'_\mathrm{Z} = I_\mathrm{r} \cdot f_1 \cdot f_2 = 259\ \mathrm{A} \cdot 0{,}71 \cdot 0{,}65 = 119{,}52\ \mathrm{A}$$

$$I'_\mathrm{Z} = I_\mathrm{r} \cdot f_1 \cdot f_2 = 299\ \mathrm{A} \cdot 0{,}71 \cdot 0{,}65 = 137{,}98\ \mathrm{A}$$

$$I'_\mathrm{Z} = I_\mathrm{r} \cdot f_1 \cdot f_2 = 341\ \mathrm{A} \cdot 0{,}71 \cdot 0{,}65 = 157{,}37\ \mathrm{A}$$

$$I'_\mathrm{Z} = I_\mathrm{r} \cdot f_1 \cdot f_2 = 403\ \mathrm{A} \cdot 0{,}71 \cdot 0{,}65 = 185{,}98\ \mathrm{A}$$

Nach sechs Schritten bekommt man das Ergebnis.

Beim zweiten Schritt wird die tatsächliche Strombelastbarkeit durch die Einflussfaktoren dividiert. Wir erhalten mit einem Schritt das gewünschte Ergebnis.

$$I'_{\mathrm{Z}} = \frac{I_r}{f_1 \cdot f_2} = \frac{184\ \mathrm{A}}{0,71 \cdot 0,65} = 398,69\ \mathrm{A}$$

Dabei beträgt die nächst größere Strombelastbarkeit 403 A. Das ergibt einen Querschnitt von 240 mm^2 bei beiden Methoden.

10.3 Hauptverteilung (HV)

Wie im Punkt 2 ermittelt, ergibt sich ein Betriebsstrom von 387,55 A.

Nach DIN VDE 0298-4:2023-06, Tabelle 3, Verlegung auf einer Wand C.

Schutz bei Überlast

Damit $I_{\mathrm{B}} \leq I_{\mathrm{n}} \leq I_{\mathrm{Z}} = 387,55\ \mathrm{A} \leq 400\ \mathrm{A} \leq 403\ \mathrm{A}$ ist, wird $I_{\mathrm{r}} = 388$ A auf eingestellt. Ausgewählt wird: NYY-J 4 × 240 mm^2.

Schutz bei Kurzschluss

An der Unterverteilung beträgt der dreipolige Kurzschlussstrom 24 kA. Damit kann das Bemessungsausschaltvermögen der Schutzeinrichtung $I_{\mathrm{cu}} = 55$ kA gewählt werden.

Zulässige Kurzschlussdauer

$$t_{\mathrm{k}} \leq \left(\frac{k \cdot S}{I_{\mathrm{k}}}\right)^2 = \left(\frac{115\ \mathrm{A}\sqrt{\mathrm{s}} \cdot 240\ \mathrm{mm}^2}{\mathrm{mm}^2 \cdot 19,670\ \mathrm{A}}\right)^2 = 1,96\ \mathrm{s}$$

Damit liegen alle Abschaltzeiten der Überstromschutzeinrichtungen unter der zulässigen Kurzschlussdauer.

10.4 Transformator

Der Bemessungsstrom des Transformators auf der NS-Seite:

$$I_{\mathrm{rT}} = \frac{S_{\mathrm{rT}}}{\sqrt{3} \cdot U_{\mathrm{rT}}} = \frac{630\ \mathrm{kVA}}{\sqrt{3} \cdot 400\ \mathrm{V}} = 909{,}32\ \mathrm{A}$$

Gewählt wird ein Leistungsschalter (MCCB) von $I_{\mathrm{r}} = 1\,000$ A am Ausgang des Transformators.

Auf der HS-Seite wird eine UMZ-Kombination von Leistungsschalter $I_{\mathrm{r}} = 630$ A und Wandlerstrom 50/1 A ausgewählt.

11 Überprüfung der max. Leitungslänge

In diesem Abschnitt werden max. zulässige Längen von Kabeln und Leitungen unter Berücksichtigung des Fehlerschutzes, des Schutzes gegen elektrischen Schlag (DIN VDE 0100-410) besprochen und alle drei Anwendungsbereiche betrachtet. Der minimale einpolige Kurzschlussstrom ist von großer Bedeutung, weil die richtige Zuordnung von Schutzeinrichtungen zum Querschnitt der Kabel und Leitungen und ihrer max. zulässigen Länge geprüft werden muss, damit der geforderte Personenschutz eingehalten werden kann.

Die in DIN VDE 0100 Beiblatt 5:2021-06, Abschnitt 5.1.1 und Abschnitt 5.7.1 angegebenen Formeln werden mit einem Beispiel ausführlich erklärt. Dieser Fall gilt vor allem für den Anwendungsbereich 1, wenn man mit den Vorgaben des Netzes die Vorimpedanz exakt berechnen und dann für den Endstromkreis die zulässige Länge bestimmen will. Für den Anwendungsbereich 2 und 3 können die Tabellen im Anhang der DIN VDE 0100 Beiblatt 5 (siehe auch Kapitel 14 in diesem Buch) benutzt werden, da dabei die Vorimpedanz angenommen wird.

Grundsätzlich ergibt sich die max. Stromkreislänge als Kleinstwert aus

1. l_{max} für den Schutz bei Kurzschluss bei Fehler am Ende des Stromkreises;
2. l_{max} für den Fehlerschutz nach DIN VDE 0100-410;
3. l_{max} für den maximalzulässigen Spannungsfall für den Stromkreis.

Grundlage für die Berechnung der zulässigen Stromkreislänge l_{max} ist ein einfach einseitig gespeister kleinster einpoliger Kurzschlussstrom nach DIN EN 60909-0 (**VDE 0102**).

Anwendungsbereich 1

Für den Anwendungsbereich 1 können folgende Formeln herangezogen werden. Nach DIN EN 60909-0 (**VDE 0102**) gilt für den einpoligen Kurzschlussstrom:

$$I''_{\text{k1}} = \frac{\sqrt{3}\,c\,U_{\text{n}}}{\left|\underline{Z}_{(1)} + \underline{Z}_{(2)} + \underline{Z}_{(0)}\right|} = \frac{\sqrt{3}\,c\,U_{\text{n}}}{\left|2\,\underline{Z}_{(1)} + \underline{Z}_{(0)}\right|} \tag{11.1}$$

Für die Fehlerstelle F (Bild 1.1) am Ende des betrachteten Stromkreises ergibt sich folgender minimaler einpoliger Fehlerstrom:

$$I''_{\mathrm{k1min}} = \frac{\sqrt{3}\, c_{\min} U_{\mathrm{n}}}{\sqrt{\left(2 \cdot R_{\mathrm{N}} + R_{0\mathrm{N}} + 2 \cdot R_{\mathrm{L}} + R_{0\mathrm{L}}\right)^2 + \left(2 \cdot X_{\mathrm{N}} + X_{0\mathrm{N}} + 2 \cdot X_{\mathrm{L}} + X_{0\mathrm{L}}\right)^2}} \tag{11.2}$$

Die Vorimpedanz Z_{V} des vorgelagerten Netzes (Einspeisenetz, Transformator und Einspeisekabel) beträgt:

$$\underline{Z}_{\mathrm{V}} = R_{\mathrm{V}} + \mathrm{j}X_{\mathrm{V}} = \frac{2\,R_{\mathrm{N}} + R_{0\mathrm{N}}}{3} + \mathrm{j}\frac{2\,X_{\mathrm{N}} + X_{0\mathrm{N}}}{3} \tag{11.3}$$

Ersetzt man für das vorgeordnete Netz die Werte für das Mit- und das Nullsystem durch die Schleifenimpedanz für die

ohmsche Komponente:

$$2\,R_{\mathrm{N}} + R_{0\mathrm{N}} = 3 \cdot R_{\mathrm{V}} \tag{11.4}$$

induktive Komponente:

$$2\,X_{\mathrm{N}} + X_{0\mathrm{N}} = 3 \cdot X_{\mathrm{V}} \tag{11.5}$$

und für den betrachteten Stromkreis die Absolutwerte für den Wirkwiderstand bzw. die Reaktanz durch die Stromkreislänge l und den Wirkwiderstandsbelag bzw. Reaktanzbelag und fügt den Faktor f_9 für die Temperaturerhöhung des Leiterwiderstands in die Gleichung ein, ergibt sich:

$$2\,R_{(1)\mathrm{L}} = f_{\varphi} \cdot l \cdot R'_{(1)\mathrm{L}}, \quad X_{(1)\mathrm{L}} = l \cdot X'_{(1)\mathrm{L}} \tag{11.6}$$

$$R_{(0)\mathrm{L}} = f_{\varphi} \cdot l \cdot R'_{(0)\mathrm{L}}, \quad X_{(0)\mathrm{L}} = l \cdot X'_{(0)\mathrm{L}} \tag{11.7}$$

$$I''_{\mathrm{k\,min}} = \frac{\sqrt{3} \cdot c_{\min} \cdot U_{\mathrm{n}}}{\sqrt{\left(3 \cdot R_{\mathrm{V}} + 2 \cdot R_{(1)\mathrm{L}} + R_{(0)\mathrm{L}}\right)^2 + \left(3 \cdot X_{\mathrm{V}} + 2 \cdot X_{(1)\mathrm{L}} + X_{(0)\mathrm{L}}\right)^2}} \tag{11.8}$$

Durch die Umstellung der Gl. (11.8) nach der Stromkreislänge l kann die max. zulässige Stromkreis-Grenzlänge $l_{\max}$ bestimmt werden, wenn I''_{k1min} durch I_{kerf} ersetzt wird:

$$l_{\max} = \frac{\sqrt{K_1^2 - 4 \cdot K_2 \cdot K_3} - K_1}{2 \cdot K_2} \tag{11.9}$$

Dabei ist:

$$K_1 = \left(2 \cdot 3 \cdot R_V \cdot f_\varphi \cdot \left(2 \cdot r_{(1)L} + r_{(0)L}\right)\right) + \left(2 \cdot 3 \cdot X_V \cdot \left(2 \cdot x_{(1)L} + x_{(0)L}\right)\right) \quad (11.10)$$

$$K_2 = \left(f_\varphi \cdot \left(2 \cdot r_{(1)L} + r_{(0)L}\right)\right)^2 + \left(2 \cdot x_{(1)L} + x_{(0)L}\right)^2 \quad (11.11)$$

$$K_3 = \left(3 \cdot R_V\right)^2 + \left(3 \cdot X_V\right)^2 - \left(\frac{\sqrt{3} \cdot c_{min} \cdot U_n}{I_{k\,erf}}\right)^2 \quad (11.12)$$

Anwendungsbereich 2

Für den Anwendungsbereich 2 kann folgende Formel eingesetzt werden:

$$l_{max} = \frac{\dfrac{c_{min} \cdot U_n}{\sqrt{3} \cdot I_a} - Z_V}{2 \cdot z'_L} \quad (11.13)$$

Anwendungsbereich 3

Für den Anwendungsbereich 3 stehen in DIN VDE 0100 Beiblatt 5 Tabellen mit einer gemessenen oder berechneten Vorimpedanz zur Verfügung.

11.1 Berechnung der max. zulässigen Kabel- und Leitungslänge

Ein Niederspannungsnetz mit $U_n = 400$ V und $f = 50$ Hz ist gegeben. Die Betriebsmitteldaten sind in **Tabelle 11.1** angegeben. Für die Berechnung der max. Länge für den Endstromkreis l_3 ist an der Unterverteilung (UV) die Vorimpedanz Z_V zu ermitteln.

Einspeisung Q	$U_{nQ} = 20$ kV; $S''_{kQ} = 346{,}41$ MVA; $I''_{kQ} = 10$ kA; $c_{Qmax} = 1{,}1$; $R_Q = 0{,}1 \cdot X_Q$; $X_Q = 0{,}995 \cdot Z_Q$
Transformator T	$S_{rT} = 630$ kVA; $U_{rTHV} = 20$ kV; $U_{rTLV} = 400$ V; $P_{krT} = 6{,}5$ kW; $u_{kr} = 4$ %; Dyn5; $c_q = 1{,}1$; $R_{(0)T}/R_T = 1{,}0$; $X_{(0)T}/X_T = 0{,}95$
Kabel 1, K1, NSHV	NYY-J 4 × 240 mm²; Cu; $l_1 = 4$ m; $R'_L = 0{,}077$ Ω/km; $X'_L = 0{,}079$ Ω/km; $R_{(0)L} = 4 \cdot R_L$; $X_{(0)L} = 3{,}67 \cdot X_L$
Kabel 2, K2, HV	NYY-J 4 × 70 mm²; Cu; $l_2 = 50$ m; $R'_L = 0{,}263$ Ω/km, $X'_L = 0{,}082$ Ω/km; $R_{(0)L} = 4 \cdot R_L$; $X_{(0)L} = 3{,}66 \cdot X_L$
Kabel 3, K3, HV (Endstromkreis)	NYM-J 3 × 2,5 mm²; Cu; $l_3 = 35$ m; $R'_L = 7{,}410$ Ω/km, $X'_L = 0{,}082$ Ω/km; $R_{(0)L} = 4 \cdot R_L$; $X_{(0)L} = 3{,}66 \cdot X_L$

Tabelle 11.1 Daten des Netzes

Für das vorgeschaltete Netz am Knotenpunkt UV (**Bild 11.1**) wird die Schleifenimpedanz des vorgeordneten Netzes Z_V in der Berechnung verwendet. Die dafür notwendigen Berechnungsgrundlagen werden ausführlich dargestellt.

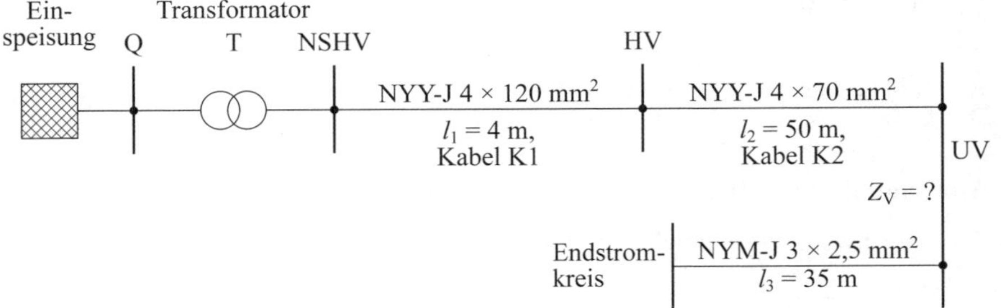

Bild 11.1 Netzplan

Für die Berechnung der max. zulässigen Leitungslänge l_{max} wird der kleinste einpolige Kurzschlussstrom I''_{k1min} nach DIN EN 60909-0 (**VDE 0102**) verwendet. Grundlage der Berechnung der zulässigen Stromkreislänge ist einfach einseitig gespeister Kurzschluss.

Ist die tatsächliche Länge des Stromkreises kleiner oder gleich dieser max. zulässigen Stromkreis-Grenzlänge l_{max}, ist der Schutz bei Kurzschluss auch für den minimalen Fehlerstrom am Ende des Stromkreises erfüllt.

Zuerst werden die vorgeschaltete Wirk- und Blindwiderstände des Netzes im Mit-, Gegen- und Nullsystem zusammengefasst. Dann kann die allgemeingültige Formel für die Berechnung der Grenzlänge abgeleitet (siehe DIN VDE 0100 Beiblatt 5:2021-06, dort die Formeln 45 bis 50). Die Anwendung dieser Gleichungen ist zeitaufwendig. In diesem Abschnitt wird das von uns ausgewählte Beispiel durchgerechnet.

Berechnung der Resistanz des vorgelagerten Netzes im Mitsystem:

$$\begin{aligned} R_{(1)N} &= R_{(1)QT} + R_{(1)T} + R_{(1)K1} + R_{(1)K2} \\ &= 0{,}050\,5\ \mathrm{m\Omega} + 2{,}62\ \mathrm{m\Omega} + 0{,}382\ \mathrm{m\Omega} + 16{,}306\ \mathrm{m\Omega} \\ &= 19{,}359\ \mathrm{m\Omega} \end{aligned}$$

Berechnung der Resistanz des vorgelagerten Netzes im Nullsystem:

$$\begin{aligned} R_{(0)N} &= R_{(0)T} + R_{(0)K1} + R_{(0)K2} \\ &= 2{,}63\ \mathrm{m\Omega} + 1{,}528\ \mathrm{m\Omega} + 65{,}224\ \mathrm{m\Omega} \\ &= 69{,}372\ \mathrm{m\Omega} \end{aligned}$$

Berechnung der Resistanz des vorgelagerten Netzes:

$$\begin{aligned} R_V &= \frac{2 \cdot R_{(1)N} + R_{(0)N}}{3} \\ &= \frac{2 \cdot 19{,}359\ \text{m}\Omega + 69{,}372\ \text{m}\Omega}{3} \\ &= 36{,}03\ \text{m}\Omega \end{aligned}$$

Berechnung der Reaktanz des vorgelagerten Netzes im Mitsystem:

$$\begin{aligned} X_{(1)N} &= X_{(1)QT} + X_{(1)T} + X_{(1)K1} + X_{(1)K2} \\ &= 0{,}505\ \text{m}\Omega + 9{,}86\ \text{m}\Omega + 0{,}361\ \text{m}\Omega + 4{,}1\ \text{m}\Omega \\ &= 14{,}781\ \text{m}\Omega \end{aligned}$$

Berechnung der Reaktanz des vorgelagerten Netzes im Nullsystem:

$$\begin{aligned} X_{(0)N} &= X_{(0)T} + X_{(0)K1} + X_{(0)K2} \\ &= 9{,}37\ \text{m}\Omega + 1{,}159\ \text{m}\Omega + 15{,}066\ \text{m}\Omega \\ &= 25{,}595\ \text{m}\Omega \end{aligned}$$

Berechnung der Reaktanz des vorgelagerten Netzes:

$$\begin{aligned} X_V &= \frac{2 \cdot X_{(1)N} + X_{(0)N}}{3} \\ &= \frac{2 \cdot 14{,}781\ \text{m}\Omega + 25{,}595\ \text{m}\Omega}{3} \\ &= 18{,}386\ \text{m}\Omega \end{aligned}$$

Ermittlung des Temperaturkorrekturfaktors für 80 °C nach DIN VDE 0100 Beiblatt 5:2021-06, Tabelle A.5:

$$f_{80\,°\text{C}} = 1{,}236$$

Ermittlung der Resistanzbeläge des Mitsystems von Kabeln (2,5 mm^2) bei 20 °C nach DIN VDE 0100 Beiblatt 5:2021-06, Tabelle A.6:

$$r_{(1)L} = 7{,}410\ \frac{\text{m}\Omega}{\text{m}}$$

Ermittlung der Resistanzbeläge im Nullsystem:

$$r_{(0)\mathrm{L}} = 4 \cdot r_{(1)\mathrm{L}} = 4 \cdot 7{,}410 \,\frac{\mathrm{m}\Omega}{\mathrm{m}} = 29{,}64 \,\frac{\mathrm{m}\Omega}{\mathrm{m}}$$

Ermittlung der Reaktanzbeläge des Mitsystems von Niederspannungskabel nach DIN VDE 0100 Beiblatt 5:2021-06, Tabelle A.6:

$$X_{(1)\mathrm{L}} = 0{,}08 \,\frac{\mathrm{m}\Omega}{\mathrm{m}}$$

Ermittlung der Reaktanzbeläge im Nullsystem:

$$X_{(0)\mathrm{L}} = 3{,}66 \cdot X_{(1)\mathrm{L}} = 3{,}66 \cdot 0{,}08 \,\frac{\mathrm{m}\Omega}{\mathrm{m}} = 0{,}293 \,\frac{\mathrm{m}\Omega}{\mathrm{m}}$$

Ermittlung des minimalen Kurzschlussstroms der Schutzeinrichtung nach DIN VDE 0100 Beiblatt 5:2021-06, Tabelle A.20:

$$S = 2{,}5 \ \mathrm{mm}^2$$

$$I_\mathrm{n} = 16 \ \mathrm{A}$$

$$I_\mathrm{k\,erf} = 80 \ \mathrm{A}$$

$$I_\mathrm{k\,min} = \frac{\sqrt{3} \cdot c_\mathrm{min} \cdot U_\mathrm{n}}{\sqrt{\left(3 \cdot R_\mathrm{V} + 2 \cdot R_{(1)\mathrm{L}} + R_{(0)\mathrm{L}}\right)^2 + \left(3 \cdot X_\mathrm{V} + 2 \cdot X_{(1)\mathrm{L}} + X_{(0)\mathrm{L}}\right)^2}} \tag{11.14}$$

Wobei

$$2\,R_{(1)\mathrm{L}} = f_\varphi \cdot l \cdot R'_{(1)\mathrm{L}}, \quad X_{(1)\mathrm{L}} = l \cdot X'_{(1)\mathrm{L}}$$

$$R_{(0)\mathrm{L}} = f_\varphi \cdot l \cdot R'_{(0)\mathrm{L}}, \quad X_{(0)\mathrm{L}} = l \cdot X'_{(0)\mathrm{L}}$$

Durch die Umstellung der Gl. (11.14) nach der Stromkreislänge l kann die max. zulässige Stromkreis-Grenzlänge l_max bestimmt werden, wenn $I_\mathrm{k1\,min}$ durch $I_\mathrm{k\,erf}$ ersetzt wird:

$$l_\mathrm{max} = \frac{\sqrt{K_1^2 - 4 \cdot K_2 \cdot K_3} - K_1}{2 \cdot K_2} \tag{11.15}$$

Dabei ist:

$$K_1 = \left(2 \cdot 3 \cdot R_\mathrm{V} \cdot f_\varphi \cdot \left(2 \cdot r_{(1)\mathrm{L}} + r_{(0)\mathrm{L}}\right)\right) + \left(2 \cdot 3 \cdot X_\mathrm{V} \cdot \left(2 \cdot x_{(1)\mathrm{L}} + x_{(0)\mathrm{L}}\right)\right)$$

$$K_2 = \left(f_\varphi \cdot \left(2 \cdot r_{(1)\mathrm{L}} + r_{(0)\mathrm{L}}\right)\right)^2 + \left(2 \cdot x_{(1)\mathrm{L}} + x_{(0)\mathrm{L}}\right)^2$$

$$K_3 = \left(3 \cdot R_\mathrm{v}\right)^2 + \left(3 \cdot X_\mathrm{V}\right)^2 - \left(\frac{\sqrt{3} \cdot c_\mathrm{min} \cdot U_\mathrm{n}}{I_\mathrm{k\,erf}}\right)^2$$

Berechnung von K_1:

$$\begin{aligned} K_1 &= \left(2 \cdot 3 \cdot R_\mathrm{V} \cdot f_\varphi \cdot \left(2 \cdot r_{(1)\mathrm{L}} + r_{(0)\mathrm{L}}\right)\right) + \left(2 \cdot 3 \cdot X_\mathrm{V} \cdot \left(2 \cdot x_{(1)\mathrm{L}} + x_{(0)\mathrm{L}}\right)\right) \\ &= \left(2 \cdot 3 \cdot 36{,}03 \cdot 10^{-3}\ \Omega \cdot 1{,}236 \cdot \left(2 \cdot 7{,}410 \cdot 10^{-3}\ \frac{\Omega}{\mathrm{m}} + 29{,}64 \cdot 10^{-3}\ \frac{\Omega}{\mathrm{m}}\right)\right) \\ &\quad + \left(2 \cdot 3 \cdot 18{,}386 \cdot 10^{-3}\ \Omega \cdot 1{,}236 \cdot \left(2 \cdot 0{,}08 \cdot 10^{-3}\ \frac{\Omega}{\mathrm{m}} + 0{,}293 \cdot 10^{-3}\ \frac{\Omega}{\mathrm{m}}\right)\right) \\ &= 0{,}011\,93\ \frac{\Omega^2}{\mathrm{m}} \end{aligned}$$

Berechnung von K_2:

$$\begin{aligned} K_2 &= \left(f_\varphi \cdot \left(2 \cdot r_{(1)\mathrm{L}} + r_{(0)\mathrm{L}}\right)\right)^2 + \left(2 \cdot x_{(1)\mathrm{L}} + x_{(0)\mathrm{L}}\right)^2 \\ &= \left(f_{80\,^\circ\mathrm{C}} \cdot \left(2 \cdot 7{,}410 \cdot 10^{-3}\ \frac{\Omega}{\mathrm{m}} + 29{,}64 \cdot 10^{-3}\ \frac{\Omega}{\mathrm{m}}\right)\right)^2 \\ &\quad + \left(2 \cdot 0{,}08 \cdot 10^{-3}\ \frac{\Omega}{\mathrm{m}} + 0{,}293 \cdot 10^{-3}\ \frac{\Omega}{\mathrm{m}}\right)^2 \\ &= 3{,}019 \cdot 10^{-3} \left(\frac{\Omega}{\mathrm{m}}\right)^2 \end{aligned}$$

Berechnung K_3:

$$\begin{aligned} K_3 &= \left(3 \cdot R_\mathrm{v}\right)^2 + \left(3 \cdot X_\mathrm{V}\right)^2 - \left(\frac{\sqrt{3} \cdot c_\mathrm{min} \cdot U_\mathrm{n}}{I_\mathrm{k\,erf}}\right)^2 \\ &= \left(3 \cdot 36{,}03 \cdot 10^{-3}\ \Omega\right)^2 + \left(3 \cdot 18{,}386 \cdot 10^{-3}\Omega\right)^2 - \left(\frac{\sqrt{3} \cdot 0{,}95 \cdot 400\ \mathrm{V}}{80\ \mathrm{A}}\right)^2 \\ &= -67{,}68\ \Omega^2 \end{aligned}$$

Mit den obigen Zwischenberechnungen kann nun die max. zulässige Kabel und Leitungslänge nach DIN VDE 0100 Beiblatt 5:2021-06 ermittelt werden:

$$l_{\max} = \frac{\sqrt{K_1^2 - 4 \cdot K_2 \cdot K_3} - K_1}{2 \cdot K_2}$$

$$= \frac{\sqrt{\left(0{,}01193\,\frac{\Omega^2}{\text{m}}^2\right) - 4 \cdot \left(3{,}019 \cdot 10^{-3}\left(\frac{\Omega}{\text{m}}\right)^2\right) \cdot \left(-67{,}68\,\Omega^2\right)} - 0{,}01193\,\frac{\Omega^2}{\text{m}}}{2 \cdot 3{,}019 \cdot 10^{-3}\left(\frac{\Omega}{\text{m}}\right)^2}$$

$$= 147{,}76\ \text{m} \approx 148\ \text{m}$$

Mit $c = 0{,}9$ erhält man:

$$l_{\max} = \frac{\sqrt{\left(0{,}01193\,\frac{\Omega^2}{\text{m}}^2\right) - 4 \cdot \left(3{,}019 \cdot 10^{-3}\left(\frac{\Omega}{\text{m}}\right)^2\right) \cdot \left(-60{,}735\,\Omega^2\right)} - 0{,}01193\,\frac{\Omega^2}{\text{m}}}{2 \cdot 3{,}019 \cdot 10^{-3}\left(\frac{\Omega}{\text{m}}\right)^2}$$

$$= 139{,}87\ \text{m} \approx 140\ \text{m}$$

11.2 Berechnung der max. Leitungslänge in vereinfachter Art für die Praxis

In der Literatur findet man oft Näherungsformel für die Grenzlängen. Durch die Messung ermittelte Schleifenimpedanz vor der Überstromschutzeinrichtung mit Sicherheitsfaktoren oder die im Beiblatt angegebenen Werte vom 10 mΩ bis 700 mΩ können in die Gleichung eingesetzt und überschlägig die max. Leitungslänge berechnet werden:

$$\begin{aligned} l_{\max} &= \frac{\dfrac{c_{\min} \cdot U_{\mathrm{n}}}{\sqrt{3} \cdot I_{\mathrm{a}}} - Z_{\mathrm{V}}}{2 \cdot z'_{\mathrm{L}}} \\ &= \frac{\dfrac{0{,}9 \cdot 400\ \mathrm{V}}{\sqrt{3} \cdot 80\ \mathrm{A}} - 40{,}44 \cdot 10^{-3}\ \Omega}{2 \cdot \sqrt{\left(9{,}19 \cdot 10^{-3}\ \dfrac{\Omega}{\mathrm{m}}\right)^2 + \left(0{,}11 \cdot 10^{-3}\ \dfrac{\Omega}{\mathrm{m}}\right)^2}} \\ &= 139{,}14\ \mathrm{m} \approx 139\ \mathrm{m} \end{aligned} \tag{11.16}$$

Tabelle 11.2 zeigt den Unterschied zwischen der exakten und vereinfachten Methode. Je größer der erforderliche Fehlerstrom ist, desto kleiner wird die zulässige Länge der Leitung.

Nach DIN VDE 0100 Beiblatt 5	In vereinfachter Form für die Praxis
140	139

Tabelle 11.2 Zulässige Leitungslänge $l_{\max}$ in m mit $c = 0{,}9$

11.3 Berechnung der max. Leitungslänge nach DIN VDE 0100-520 Beiblatt 2:2023-10

Für die automatische Abschaltung der Stromversorgung nach DIN VDE 0100-410 ist für die max. zulässigen Längen von Kabeln und Leitungen in Wohngebäuden eine einfache Gleichung angegeben:

$$I_\mathrm{k} = \frac{c_\mathrm{min} \cdot U_0}{R_\mathrm{S} + Z_\mathrm{L}} = \frac{c_\mathrm{min} \cdot U_0}{R_\mathrm{S} + 2 \cdot l \cdot Z'_\mathrm{L}} \tag{11.17}$$

Die Formel für die Berechnung der Gesamtimpedanz des Stromkreises wird so umgeformt, dass ein Wert für die Impedanz herauskommt, der für einen bestimmen Leiterquerschnitt immer gilt und bei dem man die möglichen Vorimpedanzen lediglich durch einen Korrekturfaktor berücksichtigten kann. Die Vorimpedanz wird mit 300 mΩ angenommen. Für andere Vorimpedanzen sind weitere Angaben in DIN VDE 0100-520 Beiblatt 2 zu finden.

Durch Umstellen der Formeln für die Berechnung des Kurzschlussstroms auf die Leitungslänge kommt man zu folgender Gleichung für die max. Leitungslänge. Mit der Umstellung nach der zulässigen Leitungslänge erhält man dann:

$$l_\mathrm{max} = \frac{c_\mathrm{min} \cdot U_0}{I_\mathrm{k} \cdot 2 \cdot Z'_\mathrm{L}} - \frac{R_\mathrm{S}}{2 \cdot Z'_\mathrm{L}} \tag{11.18}$$

Dabei ist:

I_k Kurzschlussstrom (einpolig),

c_min Spannungsfaktor bei Kurzschluss (0,9) nach DIN EN 60909-0 (**VDE 0102**),

U_0 Nennspannung gegen Erde (230 V),

R_S Schleifenwiderstand des vorgelagerten Netzes (300 mΩ),

Z_L Impedanz des Kabels (der Leitung) komplett (Hin- und Rückleiter),

Z'_L Impedanzbelag des Kabels (der Leitung) bei Temperatur am Ende des Kurzschlusses

Der erste Ausdruck (rechts vom Gleichheitszeichen) ergibt die Leitungslänge ohne Berücksichtigung der Schleifenimpedanz und der zweite Ausdruck die Reduzierung der Leitungslänge, die die Schleifenimpedanz hervorruft.

Der mit der Formel errechnete Kurzschlussstrom ist kleiner als bei der genauen Berechnung nach DIN EN 60909-0 (**VDE 0102**). Das bedeutet, dass die zulässige Leitungslänge immer auf der sicheren Seite liegt.

11.4 Bestimmung der Leiterendtemperatur ϑ_e am Ende der Fehlerzeit t_F

Bei der Bestimmung der max. zulässigen Leitungs- und Kabellänge ist die Leitertemperatur bei Beginn des Fehlers ϑ_a und am Ende der Fehlerzeit t_F bei minimal erforderlichen einpoligem Kurzschlussstrom $I_{k1\,erf}$ am Ende des betrachteten Stromkreises zu berücksichtigen.

Die tatsächlich auftretende Leiterendtemperatur ϑ_e ist von der Abschaltzeit und damit von der eingesetzten Überstromschutzeinrichtung (Sicherung, Leitungsschutzschalter oder Leistungsschalter) und von den tatsächlich vor dem Fehler vorliegenden Leitertemperaturen ϑ_a im Hinleiter (Außenleiter L1, L2 oder L3) und Rückleiter (N-, PE-, bzw. PEN-Leiter) abhängig.

Nach DIN VDE 0100-540:2012-06, Abschnitt 543.1.2 und nach DIN VDE 0298-4:2023-06, Tabelle 29 sind die Bemessungskurzzeitstromdichten J_{thr} für 1 s in Abhängigkeit vom Leitermaterial, dem Isolierwerkstoff sowie der zulässigen Betriebstemperatur am Leiter und der zulässigen Kurzschlusstemperatur angegeben. Die dort genannten Werte für die Bemessungskurzzeitstromdichten J_{thr} entsprechen den *k*-Faktoren nach VDE 0100-540:2012-06, Anhang A (normativ) für die Bemessung der Kurzschlussfestigkeit von Schutzleitern.

In diesem Anhang ist folgende Gleichung für die Berechnung des Materialkoeffizienten k im Zeitintervall $0 \leq t_F \leq 5$ s angegeben:

$$k = \sqrt{\frac{Q_c \cdot (\beta + 20\,°\mathrm{C})}{\rho_{20°}} \cdot \ln\left(1 + \frac{\vartheta_a + \vartheta_e}{\beta + \vartheta_a}\right)} \tag{11.19}$$

Innerhalb des Zeitintervalls $0 \leq t_F \leq 5$ s dürfen die Werte für andere Fehlerströme I_F, andere Fehlerzeiten t_F sowie andere Leiterquerschnitte S umgerechnet werden:

$$I_F^2 \cdot t_F = k^2 \cdot S^2 \tag{11.20}$$

Umgestellt nach t_F ergibt sich:

$$t_F = \left(\frac{k \cdot S}{I_F}\right)^2 \tag{11.21}$$

Wird in Gl. (11.19) für *k* die Gl. (11.21) eingesetzt, ergibt sich folgende Gleichung für die Berechnung der zulässigen Fehlerzeit bis zum Erreichen der Grenztemperatur bis 5 s:

$$t_\mathrm{F} = \frac{Q_\mathrm{c} \cdot (\beta + 20\,°\mathrm{C})}{\rho_{20°}} \cdot \ln\left(1 + \frac{\vartheta_\mathrm{a} + \vartheta_\mathrm{e}}{\beta + \vartheta_\mathrm{a}}\right) \cdot \frac{S^2}{I_\mathrm{F}^2} \tag{11.22}$$

Stellt man diese Gleichung nach ϑ_e um, kann die voraussichtliche Leiterendtemperatur bei gegebener Fehlerzeit t und Fehlerstrom I_F berechnet werden:

$$\vartheta_\mathrm{e} = \left[\left(\mathrm{e}^{\frac{t \cdot \rho_{20°}}{Q_\mathrm{c} \cdot (\beta + 20\,°\mathrm{C})} \cdot \frac{S^2}{I_\mathrm{F}^2}} - 1\right) \cdot (\beta + \vartheta_\mathrm{a}) + \vartheta_\mathrm{a}\right] \tag{11.23}$$

Bei der Berechnung von der Leiterendtemperatur ist in der Gl. (11.17) ein **Materialkoeffizient** k-Faktor enthalten. Die Formel ist dafür in IEC 60949 und in DIN VDE 0100-540 mit unterschiedlichen Einheiten wiedergegeben. Es wird dabei aufgezeigt, dass das Ergebnis beider Formeln identisch ist.

Die Formel in IEC 60949

K constant depending on the material of the current carrying component ($\mathrm{As^2/mm^2}$): see Table I

$$K = \sqrt{\frac{\sigma_\mathrm{c}\,(\beta + 20) \times 10^{-12}}{\rho_{20}}}$$

S geometrical cross-sectional area of the current carrying component ($\mathrm{mm^2}$): for conductors specified in IEC 228 it is sufficient to take the nominal cross-sectional area

θ_f final temparature (°C)

θ_i initial temperature (°C)

β reciprocal of temperature coefficient of resistance of the current carrying component at 0 °C (K): see Table I

ln $\log_\mathrm{e}$

σ_c volumetric specific heat of the current carrying component at 20 °C ($\mathrm{J/K \cdot m^3}$): see Table I

ρ_{20} electrical resistivity of the current carrying component at 20 °C ($\Omega \cdot \mathrm{m}$): see Table I

Die Berechnungsgrößen sind in **Tabelle 11.3** aufgezeigt.

Material	K ($As^{\frac{1}{2}}/mm^2$) 1)	β (K) 2)	σ_c ($J/K \cdot m^3$) 3)	ρ_{20} ($\Omega \cdot m$) 2)
a) Conductors				
Copper	226	234.5	3.45×10^6	1.7241×10^{-8}
Aluminium	148	228	2.5×10^6	2.8264×10^{-8}
b) Sheaths, screens and armour				
Lead or lead alloy	41	230	1.45×10^6	21.4×10^{-8}
Steel	78	202	3.8×10^6	13.8×10^{-8}
Bronze	180	313	3.4×10^6	3.5×10^{-8}
Aluminium	148	228	2.5×10^6	2.84×10^{-8}

Tabelle 11.3 Table I der IEC 60949:1988-11 Calculation of thermally permissible short-circuit currents, taking into account non-adiabatic heating effects

Wenn wir nun die Daten in die Formel einsetzen, erhalten wir:

$$k = \sqrt{\frac{\sigma_c \cdot (\beta + 20) \cdot 10^{-12}}{\rho_{20}}} = \sqrt{\frac{3,45 \cdot 10^6 \left(\frac{\text{J}}{°\text{C} \cdot \text{m}^3}\right)(234,5\ °\text{C} + 20\ °\text{C}) \cdot 10^{-12}}{1,7241 \cdot 10^{-8}\ \Omega\text{m}}}$$

$$= 225,67\ \frac{\text{A}\sqrt{\text{s}}}{\text{mm}^2}$$

(In dieser Formel macht $\frac{\text{m}^3}{\text{m}} = 10^{-12}$.)

Die Formel in DIN VDE 0100-540

Der Faktor k ist mit folgender Gleichung zu berechnen:

$$k = \sqrt{\frac{Q_c (\beta + 20\ °\text{C})}{\rho_{20}} \cdot \ln\left(1 + \frac{\theta_f - \theta_i}{\beta + \theta_i}\right)}$$

Dabei ist:

Q_c die volumetrische Wärmekapazität des Leiterwerkstoffs [J/(°C · mm³)] bei 20 °C;

β der Reziprokwert des Temperaturkoeffizienten des spezifischen Widerstands bei 0 °C für den Leiter [°C];

ρ_{20} der spezifische elektrische Widerstand des Leiterwerkstoffs bei 20 °C [Ωmm];

θ_i die Anfangstemperatur des Leiters [°C];

θ_f die Endtemperatur des Leiters [°C]

Werkstoff	β [a] [°C]	Q_c [b] [J/(°C mm³)]	ρ_{20} [Ω mm]	$\sqrt{\frac{Q_c(\beta+20\,°C)}{\rho_{20}}}$ $\left[\frac{A\sqrt{s}}{mm^2}\right]$
Kupfer	234,5	$3{,}45 \cdot 10^{-3}$	$17{,}241 \cdot 10^{-6}$	226
Aluminium	228	$2{,}50 \cdot 10^{-3}$	$28{,}264 \cdot 10^{-6}$	148
Blei	230	$1{,}45 \cdot 10^{-3}$	$214 \cdot 10^{-6}$	41
Stahl	202	$3{,}80 \cdot 10^{-3}$	$138 \cdot 10^{-6}$	78

a) Werte sind abgeleitet nach Tabelle 1 von IEC 60287-1-1.

b) Werte sind abgeleitet nach Tabelle E2 von IEC 60853-2.

Tabelle 11.4 Werte der Parameter für verschiedene Leiterwerkstoffe gemäß DIN VDE 0100-540:2012-06, Tabelle A.54.1

In der DIN VDE 0100-540:2012-06, Tabelle A.54.1 stehen alle Parameter zur Berechnung des k-Faktors, wenn wir hier die abgekürzten Dimensionen berücksichtigen, erhalten wir wieder das gleiche Ergebnis wie bei der IEC 60949:

$$k = \sqrt{\frac{Q_c \cdot (\beta + 20\,°C)}{\rho_{20}}} = \sqrt{\frac{3{,}45 \cdot 10^{-3} \left(\frac{J}{°C \cdot mm^3}\right)(234{,}5\,°C + 20\,°C)}{17{,}241 \cdot 10^{-6}\ \Omega mm}} = 225{,}67\ \frac{A\sqrt{s}}{mm^2}$$

Die Ergebnisse sind lediglich auf 226 $\frac{A\sqrt{s}}{mm^2}$ aufgerundet.

Beispiel: Schutzeinrichtung-MCB-B, 16 A, bei 0,1 s, I_a = 80 A.
Kabel NYM-J 3 × 1,5 mm², Cu mit PVC-Isolierung

$$\vartheta_e = \left[\left(e^{\frac{0{,}1\,s \cdot 17{,}241 \cdot 10^{-10}}{3{,}45 \cdot 10^{-3} \cdot (235{,}5+20)} \cdot \frac{80\,A^2}{1{,}5\,mm^2}} - 1\right) \cdot (234{,}5 + 70) + 70\right] = 71{,}7\,°C$$

Mit der folgenden Formel kann die voraussichtliche Leiterendtemperatur ϑ_e bei gegebener Fehlerdauer t_F und Fehlerstrom I_F berechnet werden:

$$\vartheta_e = \left(e^{t_f \cdot \frac{\rho_{20}}{Q_c \cdot (\beta+20)} \cdot \frac{I_F^2}{S^2}} - 1\right) \cdot (\beta + \vartheta_a) + \vartheta_a \tag{11.24}$$

Mit:

Q_c volumetrische Wärmekapazität des Leiterwerkstoffs bei 20 °C;

β Reziprokwert des Temperaturkoeffizienten des spezifischen Widerstands bei 0 °C für den Leiterwerkstoff;

ρ_{20} spezifischer elektrische Widerstand des Leiterwerkstoffs bei 20 °C;

ϑ_a Anfangstemperatur des Leiters (Tabellenwerte für Grenzlängen gelten bei 70 °C);

ϑ_e Endtemperatur des Leiters;

k Materialkoeffizient

Setzt man den minimal erforderlichen Fehlerstrom $I_{k\,erf}$ für den Fehlerstrom I_F sowie die bei $I_{k\,erf}$ sich ergebende max. Auslösezeit t_F der eingesetzten Kurzschlussschutzeinrichtung sowie Anfangstemperatur des Leiters bei Fehlereintritt in obige Gleichung ein, kann die Leiterendtemperatur ϑ_e und damit die zu berücksichtigende Widerstandserhöhung bestimmt werden.

Beispiel

Die Berechnung wird mit einem Leitungsschutzschalter B16 A/MCB durchgeführt, der am Endstromkreis angeschlossen ist. Die Abschaltzeit beträgt 0,1 s und der Abschaltstrom 80 A. Der Querschnitt des Leiters ist NYM-J 3 × 2,5 mm².

$$\vartheta_e = \left(e^{0{,}1\,\text{s} \cdot \frac{17{,}241 \cdot 10^{-6}}{3{,}45 \cdot 10^{-3} \cdot (234{,}5+20)} \cdot \frac{80\,\text{A}^2}{2{,}5\,\text{mm}^2} - 1} \right) \cdot (234{,}5\,°\text{C} + 70\,°\text{C}) + 70\,°\text{C} = 71{,}53\,°\text{C}$$

Bei Schmelzsicherungen der Betriebsklasse gG kann die Endtemperatur bei 5 s höhere Werte annehmen. Die max. Endtemperatur kann bei Kunststoffmantelleitung (NYM-J) 160 °C nicht erreicht werden. Daher ist es zu empfehlen mit einem **Durchschnittswert** von 80 °C zu berechnen.

Fazit

Die max. zulässige Kabel- und Leitungslänge wurde nach DIN VDE 0100 Beiblatt 5 mit der exakten und vereinfachten Formel berechnet.

Wie die Beispiele zeigen, hat der Spannungsfaktor c einen Einfluss auf die Grenzlänge. Auch die konstante Leiteranfangstemperatur, die variable Endtemperatur und Fehlerausschaltzeiten bewirken unterschiedliche Grenzlängen für Fehlerschutz und Schutz bei Kurzschluss.

Der Spannungsfaktor *c* beträgt 0,9, gemäß DIN EN 60909-0 (**VDE 0102**):2016-12.

Für die Berechnung der Exponentialfunktion (Gln. (9.1) bis (11.24)) können manche Planer oder Praktiker überfordert sein. Fehler sind dabei unvermeidbar. Mit der Nutzung einer Software oder Messung der Schleifenimpedanz vor der Schutzeinrichtung ist man immer auf der sicheren Seite.

12 Spannungsänderung in elektrischen Netzen

12.1 Koordination des Spannungsfalls

Koordination des Spannungsfalls in Niederspannungsnetzen wurde in [4] und [5] ausführlich diskutiert und die Gleichungen aufgestellt. Es wurde festgehalten, dass für die Einhaltung des zulässigen Spannungsfalls in den aktuellen Normen und Vorschriften keine verbindlichen Vorgaben existieren, nur Empfehlungen ausgesprochen werden.

In diesem Abschnitt werden der Spannungsfall und die max. Leitungslänge in Wechsel- und Drehstromnetzen anhand der bestehenden Vorschriften und Normen erklärt.

Für die Spannungsfallberechnung wird die Übertragungsstrecke mit bekannter Anschlussleistung bzw. Belastungsstrom und Leistungsfaktor am Anschlusspunkt nachgebildet (**Bild 12.1a** und **Bild 12.1b**). Die Bilder sind einpolig und einfach dargestellt und die Kapazitäten vernachlässigt.

Im Beispiel 5 sind einfache und aufwendige Formeln in DIN VDE 0100-520 Beiblatt 2:2023-10 ausführlich erklärt und berechnet. Im Allgemeinen muss man zwischen den Einspeisungen mit dem Transformator und den Endstromkreisen in Wohnungen unterscheiden, da sie immer einen bestimmten Fall beschreiben oder für einen Anwendungsbereich gelten.

12.2 Genaue Berechnung des Spannungsfalls

a)

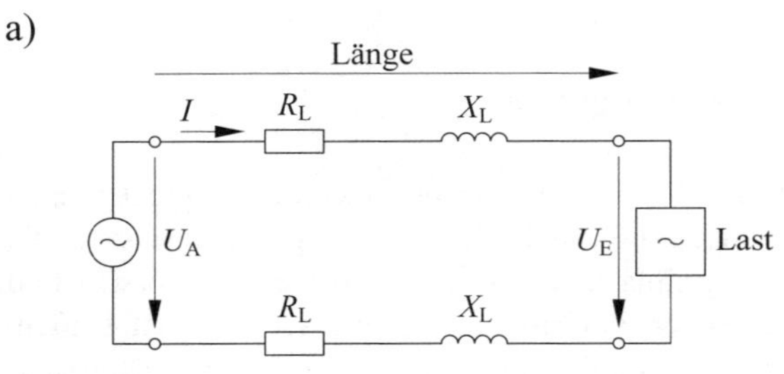

b)

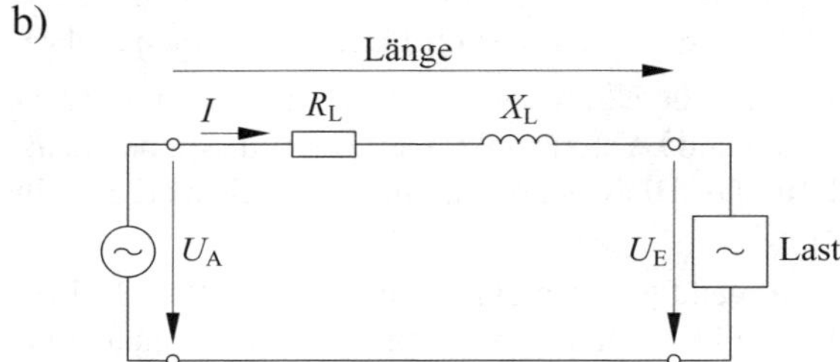

c)

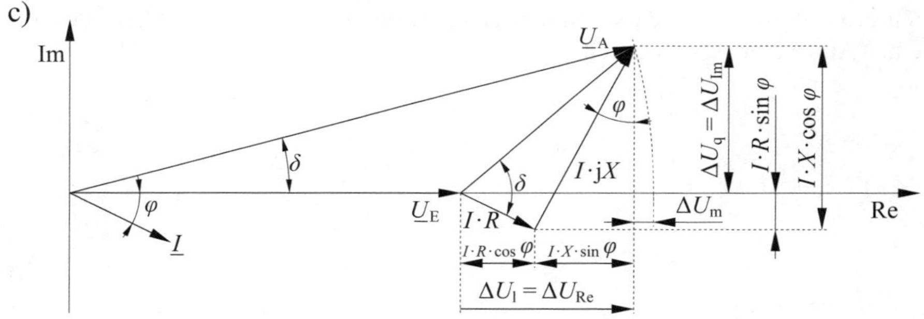

Bild 12.1 Ersatzschaltbilder für die Spannungsfallberechnung –
a) Wechselstromleitung,
b) Drehstromleitung,
c) Zeigerdiagramm

Der Spannungsfall kann in zwei Komponenten zerlegt werden (**Bild 12.1c**) [4], [5]:

a) Realteil:

$$\Delta U_{\text{Re}} = I \cdot R \cdot \cos\varphi + I \cdot X \cdot \sin\varphi \tag{12.1}$$

b) Imaginärteil:

$$\Delta U_{\text{Im}} = I \cdot X \cdot \cos\varphi - I \cdot R \cdot \sin\varphi \tag{12.2}$$

Der reale Anteil ΔU_{Re}, den man in der Praxis häufig als Längsspannungsfall bezeichnet, liegt dabei in Phase mit der Spannung U_{E}, während der imaginäre Anteil U_{Im}, häufig als Querspannungsfall bezeichnet, senkrecht zum realen Anteil liegt. Der tatsächliche Betrag des Spannungsfalls ergibt sich durch den Vergleich der Beträge der Spannungen U_{A} und U_{E}: $\Delta U = U_{\text{A}} - U_{\text{E}}$. Für das rechtwinklige Dreieck (Kapp'sches Dreieck) gilt dann:

$$U_{\text{A}}^2 = \left(U_{\text{E}} + \Delta U_{\text{Re}}\right)^2 + \Delta U_{\text{Im}}^2 \quad \text{bzw.} \quad U_{\text{A}}^2 = \left(U_{\text{A}} - U_{\text{m}}\right)^2 + \Delta U_{\text{Im}}^2 \tag{12.3}$$

Mit $U_{\text{E}} + \Delta U_{\text{Re}} = U_{\text{A}} - U_{\text{m}}$

Daraus folgt:

$$U_{\text{m}} = U_{\text{A}} - \sqrt{U_{\text{A}}^2 - \Delta U_{\text{Im}}^2} \tag{12.4}$$

Der Spannungsfall lässt sich dann allgemein wie folgt bestimmen:

$$\Delta U = U_{\text{A}} - U_{\text{E}} = \Delta U_{\text{Re}} + U_{\text{m}} \tag{12.5}$$

$$\Delta U = U_{\text{Re}} + U_{\text{A}} - \sqrt{U_{\text{A}}^2 - \Delta U_{\text{Im}}^2} \tag{12.6}$$

In der Praxis kann der Anteil U_{m} vernachlässigt werden. Der größte Spannungsfall ist immer dann zu erwarten, wenn der Winkel φ des Belastungsstroms gleich dem negativen Winkel δ der Impedanz der Übertragungsstrecke ist. Dann kann die Gl. (12.1) verwendet werden.

12.3 Spannungsfall in Drehstromnetzen

Drehstromsysteme besitzen drei Wechselstromsysteme, die einen gemeinsamen Rückleiter besitzen. Bei der Berechnung des Spannungsfalls wird eine symmetrische Belastung in den Außenleitern vorausgesetzt. Im Neutralleiter fließt dann kein Strom. Bezogen auf die Außenleiterspannung wird der Spannungsfall näherungsweise wie folgt berechnet, Gl. (12.7):

$$\Delta U = \sqrt{3} \cdot l \cdot I \cdot \left(R'_{\mathrm{L}} \cdot \cos\varphi \pm X'_{\mathrm{L}} \cdot \sin\varphi \right) \tag{12.7}$$

$$\Delta u = \frac{\Delta U}{U_{\mathrm{n}}} \cdot 100\,\% \tag{12.8}$$

Im einphasigen Wechselstromkreis gilt, wenn der Neutralleiterquerschnitt gleich dem Außenleiterquerschnitt ist (bezogen auf die Strangspannung), Gl. (12.9):

$$\Delta U = 2 \cdot l \cdot I \cdot \left(R'_{\mathrm{L}} \cdot \cos\varphi \pm X'_{\mathrm{L}} \cdot \sin\varphi \right) \tag{12.9}$$

$$\Delta u = \frac{\Delta U}{U_{\mathrm{n}}} \cdot 100\,\% \tag{12.10}$$

In der Gleichung bedeuten: + induktive Belastung, – kapazitive Belastung. Da es sich beim Resistanzbelag um eine temperaturabhängige Komponente handelt, sollte für eine reelle Spannungsfallbetrachtung unter Betriebsbedingungen die Resistanzerhöhung berücksichtigt werden.

Die Gln. (12.7) und (12.9) gelten für den Fall, dass Last und Leitungen annähernd denselben Phasenwinkel haben (siehe DIN VDE 0100 Beiblatt 5:2021-06).

Wenn die Wirkleistung bekannt ist, kann der Spannungsfall wie folgt berechnet werden:

$$P = \sqrt{3} \cdot U \cdot I \cdot \cos\varphi \tag{12.11}$$

Der Strom ergibt sich aus:

$$I = \frac{P}{\sqrt{3} \cdot U \cdot \cos\varphi} \tag{12.12}$$

Dann der Spannungsfall:

$$\Delta U = \frac{\sqrt{3} \cdot P \cdot l \cdot \left(R'_{\mathrm{L}} \cdot \cos\varphi \pm X'_{\mathrm{L}} \cdot \sin\varphi\right)}{\sqrt{3} \cdot U \cdot \cos\varphi} \tag{12.13}$$

$$\Delta U = \frac{P \cdot l \cdot \left(R'_{\mathrm{L}} \cdot \cos\varphi \pm X'_{\mathrm{L}} \cdot \sin\varphi\right)}{U \cdot \cos\varphi} \tag{12.14}$$

Mit:

$\cos\varphi$ Verschiebungsfaktor (entspricht dem Leistungsfaktor λ bei 50 Hz),

I Betriebsstrom oder Bemessungsstrom der Überstromschutzeinrichtung,

l Leitungslänge,

P Wirkleistung,

R'_{L} Resistanzbelag des Leiters (siehe auch DIN VDE 0100 Beiblatt 5:2021-06, Tabelle A.3),

ΔU absoluter Spannungsfall,

Δu relativer Spannungsfall,

U_0 Sternpunktspannung Außenleiter – Neutralleiter oder Erde,

U_{n} Nennspannung des Netzes,

X'_{L} Reaktanzbelag des Leiters (siehe auch DIN VDE 0100 Beiblatt 5:2021-06, Tabellen A.5 und A.6)

12.4 Berechnung des Spannungsfalls in Wohnungen

Aufgrund des überwiegenden Resistanzanteils bei Kabelquerschnitten bis 50 mm^2 Cu bzw. 70 mm^2 Al kann der reaktive Anteil in den Gln. (12.7) und (12.9) in der Regel vernachlässigt und mit $\cos\varphi = 1$ eingesetzt werden:

Die Berechnung des Spannungsfalls in Wohnungen kann mit folgenden Gleichungen erfolgen.

Spannungsfall für Wechselstromkreise:

$$\Delta U = \frac{2 \cdot l}{\kappa \cdot S} \tag{12.15}$$

Spannungsfall für Drehstromkreise:

$$\Delta U = \frac{\sqrt{3} \cdot l \cdot l}{\kappa \cdot S} \tag{12.16}$$

Wenn der Betriebsstrom des Verbrauchers nicht bekannt ist, sollte für die Berechnung des Spannungsfalls am Endstromkreis grundsätzlich der Bemessungsstrom der Überstromschutzeinrichtung eingesetzt werden. Außerdem müssen die unterschiedlichen Betriebsarten der Verbraucher, z. B. Motoren, beachtet werden.

12.5 Berechnung des Spannungsfalls in Gleichstromkreisen

Der Spannungsfall wird in Gleichstromkreisen nur mit der Resistanz berechnet. Das Ersatzschaltbild erhält im Längszweig lediglich den ohmschen Widerstand mit der doppelten Länge.

$$R = \frac{2 \cdot l}{\kappa \cdot S} \tag{12.17}$$

$$\Delta U = R \cdot I \tag{12.18}$$

$$\Delta U = \frac{2 \cdot l \cdot I}{\kappa \cdot S} \tag{12.19}$$

12.6 Normierte Werte für den Spannungsfall

Einfach und praktikabel lässt sich die Einhaltung der Spannungsfälle im Drehstromsystem auf der Grundlage DIN VDE 0100 Beiblatt 5:2021-06, Tabellen A.21 bis A.25 für Mehrleiter- und Einleiterkabel verschiedener Anordnungen überprüfen. Diese Tabellen enthalten normierte Werte für zulässige Leitungslängen bei 1 % Spannungsfall mit $I_B = 1$ A und $U_n = 1$ V. Die Resistanzerhöhung wurde mit der Betriebsendtemperatur von 70 °C für PVC-isolierte und 90 °C für VPE- bzw. EPR-isolierte Kabel berücksichtigt. Es liegt die Annahme zugrunde, dass der Phasenwinkel der Bemessungs- bzw. Betriebsstroms φ_B und der Impedanzwinkel der Kabel φ_L gleich ist, dann gilt:

$$\cos\varphi = \cos\left(\arctan\frac{X'_L}{R'_L}\right) \tag{12.20}$$

Bei $\cos\varphi = 1$ sind die Ergebnisse identisch. Der Impedanzwinkel 28° entspricht einem $\cos\varphi$ von 0,884. Die **Tabelle 12.1** zeigt, dass die Ergebnisse nach einem Querschnitt von 120 mm^2 voneinander geringfügig abweichen. Das heißt, dass der Impedanzwinkel der Leitung spielt bei der Berechnung des Spannungsfalls keine Rolle. Wenn man will, kann man natürlich den Spannungsfall mit einem Impedanzwinkel und dem Bemessungsstrom der Schutzeinrichtung berechnen.

Der meist abweichende $\cos\varphi$ des Betriebsstroms ergibt eine größere Leitungslänge und stellt eine Längenreserve dar. Die Umrechnung der in DIN VDE 0100 Beiblatt 5:2021-06, Tabellen A.22 bis A.25 angegebenen Werte auf beliebige Ströme, Spannungen und Spannungsfälle erfolgt mit der Gleichung:

$$l_{\text{zul}} = l_{\text{norm}} \cdot \frac{U_{\text{n}}}{I_{\text{B}}} \cdot \frac{\Delta u}{100\,\%} \tag{12.21}$$

Mit:

I_{B} Bemessungsstrom des Verbrauchers,

l_{norm} normierte zulässige Leitungslänge (DIN VDE 0100 Beiblatt 5:2021-06, Tabellen A.22 bis A.25),

l_{zul} zulässige Leitungslänge bei vorgegebenem Spannungsfall in m,

Δu relativer Spannungsfall,

U_{n} Netzspannung

Nennstrom der Überstrom-schutzeinrichtung in A	**Nenn-querschnitt S in mm²**	**Resistanz-belag R'_{L} in mΩ/m**	**Reaktanz-belag X'_{L} in mΩ/m**	**Impedanz-winkel $\cos(\psi)$**	**ΔU $\cos(\psi)$**	**$\cos(\varphi)$ 1**
10	1,5	12,100	0,115	1,00	0,210	0,210
16	2,5	7,410	0,107	1,00	0,205	0,205
20	4,5	4,610	0,106	1,00	0,160	0,160
25	6	3,080	0,101	1,00	0,133	0,133
32	10	1,830	0,095	1,00	0,102	0,101
63	16	1,150	0,089	1,00	0,126	0,125
80	25	0,727	0,087	1,00	0,101	0,101
100	35	0,524	0,085	1,00	0,092	0,091
160	50	0,387	0,085	1,00	0,110	0,107
200	70	0,268	0,082	1,00	0,097	0,093
315	95	0,193	0,082	1,00	0,114	0,105
400	120	0,153	0,081	1,00	0,120	0,106

Tabelle 12.1 Spannungsfall in V/m

Für einphasige Stromkreise (Neutralleiterquerschnitt ist gleich dem Außenleiterquerschnitt) muss die so ermittelte zulässige Leitungslänge nur halbiert werden. Bei parallelen Kabelsystemen muss die so ermittelte zulässige Leitungslänge mit der Anzahl an parallelen Systemen multipliziert werden.

12.7 Angabe des Spannungsfalls in Normen

Der max. zulässige Spannungsfall nach TAB zwischen der Einspeisung und Zähleinrichtung liegt zwischen 0,5 % (100 kVA) und 1,5 % (400 kVA Leistungsbedarf der Anlage). Nach DIN 18015-1 darf der zulässige Spannungsfall zwischen der Zähleinrichtung und dem Anschlusspunkt der Verbrauchsmittel (Endstromkreise in Wohnungen) 3 % nicht überschreiten.

12.8 Beispiele

12.8.1 Beispiel 1

Ein Stromkreis mit 50 m Länge und einem Querschnitt von 70 mm^2, Mehrleiterkabel mit PVC-Isolierung, Cu-Leiter soll einen Betriebsstrom von 200 A bei einer Netznennspannung von 400 V übertragen. Der Spannungsfall von 3 % sollte dabei nicht überschritten werden. Berechnen Sie die zulässige Leitungslänge.

Mit der Gl. (12.21) und aus DIN VDE 0100 Beiblatt 5:2021-06, Tabelle A.22 ergibt sich eine zulässige Leitungslänge von

$$l_{\text{zul}} = 17{,}4\ \text{m} \cdot \frac{400}{200} \cdot 3 \approx 104{,}4\ \text{m}$$

12.8.2 Beispiel 2

1. Spannungsfall bei Drehstrom

Bekannt sind:

Bemessungsstrom der Überstromschutzeinrichtung I_n = 200 A.
Kabeldaten: Querschnitt 70 mm^2, Cu, Leitungslänge ist 50 m, $\cos\varphi$ = 0,8.

Berechnen Sie den Spannungsfall der Leitung.

$$\Delta U = \sqrt{3} \cdot l \cdot I_B \cdot \left(R'_L \cdot \cos\varphi + X'_L \cdot \sin\varphi\right)$$

Der Betriebsstrom wird durch den Bemessungsstrom der Schutzeinrichtung ersetzt.

$$\Delta u = \frac{\Delta U}{U_n} \cdot 100\ \%$$

$$= \frac{\sqrt{3} \cdot l \cdot I_B \cdot \left(R'_L \cdot \cos\varphi + X'_L \cdot \sin\varphi\right)}{U_n} \cdot 100\ \%$$

$$= \frac{\sqrt{3} \cdot 50\ \text{m} \cdot 200\ \text{A} \cdot \left(\frac{1 \cdot 10^3}{56\ \frac{\text{m}}{\Omega\,\text{mm}^2} \cdot 70\ \text{mm}^2} \cdot 0{,}8 + 0{,}009\ \frac{\Omega}{\text{m}} \cdot 0{,}6 \right)}{400\ \text{V}} \cdot 100\ \% = 1{,}3\ \%$$

Ohne Berücksichtigung der Reaktanz:

$$\Delta u = \frac{\sqrt{3} \cdot l \cdot I_n \cdot \cos\varphi}{\kappa \cdot S \cdot U_n} \cdot 100\ \%$$

$$= \frac{\sqrt{3} \cdot 50\ \text{m} \cdot 200\ \text{A} \cdot 0{,}8}{56\ \frac{\text{m}}{\Omega\,\text{mm}^2} \cdot 70\ \text{mm}^2 \cdot 400\ \text{V}} \cdot 100\ \% = 0{,}88\ \%$$

2. Berechnung der übertragbaren Leistung und Leitungslänge

Bekannt sind:

Bemessungsstrom der Überstromschutzeinrichtung $I_n = 200$ A.
Kabelquerschnitt: NYY-J 4 × 70 mm^2, Cu, $\cos\varphi = 0{,}8$.
Spannungsfall $\Delta u = 4\ \%$

Berechnen Sie die max. übertragbare Leistung und Kabellänge.

Übertragbare Leistung:

$$P = \sqrt{3} \cdot U \cdot I \cdot \cos\varphi = \sqrt{3} \cdot 400\ \text{V} \cdot 200\ \text{A} \cdot 0{,}8 = 110{,}85\ \text{kW}$$

Daraus ergibt sich die Übertragungslänge:

$$l = \frac{U \cdot \Delta u \cdot \cos\varphi}{\left(R'_{\mathrm{L}} \cdot \cos\varphi + X'_{\mathrm{L}} \cdot \sin\varphi\right) \cdot P \cdot 10^{-3}}$$

$$= \frac{400\ \mathrm{V} \cdot 16\ \mathrm{V} \cdot 0{,}8}{\left(0{,}268\ \Omega/\mathrm{km} \cdot 0{,}8 + 0{,}082\,4\ \Omega/\mathrm{km} \cdot 0{,}6\right) \cdot 110{,}85\ \mathrm{kW} \cdot 10^{-3}} = 175\ \mathrm{m}$$

3. Spannungsfall bei Wechselstrom

Bekannt sind:

Bemessungsstrom der Überstromschutzeinrichtung I_{n} = 16 A.
Kabeldaten: Querschnitt 2,5 mm², Cu, Leitungslänge ist 35 m.

Berechnen Sie den Spannungsfall der Leitung.

$$\Delta U = 2 \cdot l \cdot I_{\mathrm{B}} \cdot \left(R'_{\mathrm{L}} \cdot \cos\varphi + X'_{\mathrm{L}} \cdot \sin\varphi\right)$$

X'_{L} wird vernachlässigt.

$$\Delta u = \frac{2 \cdot l \cdot I_{\mathrm{n}} \cdot \cos\varphi}{\kappa \cdot S \cdot U_0} \cdot 100\ \%$$

$$= \frac{2 \cdot 35\ \mathrm{m} \cdot 16\ \mathrm{A} \cdot 0{,}8}{56\ \frac{\mathrm{m}}{\Omega\,\mathrm{mm}^2} \cdot 2{,}5\ \mathrm{mm}^2 \cdot 230\ \mathrm{V}} = 2{,}78\ \%$$

4. Spannungsfall bei Wechselstrom (Wohnungen)

In Wohnungen wird der Leistungsfaktor $\cos\varphi = 1$ angenommen. Damit erhält man den Spannungsfall in Prozent:

$$\Delta u = \frac{2 \cdot l \cdot I_{\mathrm{n}}}{\kappa \cdot S \cdot U_0} \cdot 100\ \%$$

$$= \frac{2 \cdot 35\ \mathrm{m} \cdot 16\ \mathrm{A} \cdot 1}{56\ \frac{\mathrm{m}}{\Omega\,\mathrm{mm}^2} \cdot 2{,}5\ \mathrm{mm}^2 \cdot 230\ \mathrm{V}} \cdot 100\ \% = 3{,}47\ \%$$

12.8.3 Beispiel 3

Mithilfe von Tabellen werden die Spannungsfälle berechnet.

Bekannt sind:

Vorimpedanz $Z_V = 380\ \text{m}\Omega$; Querschnitt $S = 1{,}5\ \text{mm}^2$ und Leitungsschutzschalter B16 A.

Mit dem Korrekturfaktor Δl:

$$\Delta l = \Delta Z_{S1} \cdot f = (500 - 380)\ \text{m}\Omega \cdot \left(\frac{0{,}31\ \text{m}}{10\ \text{m}\Omega} \right) = 3{,}72\ \text{m}$$

Diese Länge Δl wird zu der Länge in DIN VDE 0100 Beiblatt 5:2021-06, Tabelle A.3 hinzuaddiert:

Bei $Z_V = 500\ \text{m}\Omega$;

$$l_{zul} = l_{Tabelle} + \Delta l = 78\ \text{m} + 3{,}72\ \text{m} = 81{,}72\ \text{m}$$

Mit dem Korrekturfaktor Δl:

$$\Delta l = \Delta Z_{S1} \cdot f = (300 - 380)\ \text{m}\Omega \cdot \left(\frac{0{,}31\ \text{m}}{10\ \text{m}\Omega} \right) = -2{,}48\ \text{m}$$

Diese Länge Δl wird zu der Länge in DIN VDE 0100 Beiblatt 5:2021-06, Tabelle A.20 abstrahiert.

Bei $Z_V = 300\ \text{m}\Omega$;

$$l_{zul} = l_{Tabelle} + \Delta l = 84\ \text{m} - 2{,}48\ \text{m} = 81{,}52\ \text{m}$$

12.8.4 Beispiel 4

Bekannt sind: Querschnitt 1,5 mm², PVC, $\Delta u = 2\ \%$ und Leitungstemperatur 40 °C, Bemessungsstrom 16 A. Mithilfe der Tabelle 14.5 und 14.6 in diesem Buch werden die Korrekturfaktoren ermittelt und die max. Länge berechnet.

$$l_{max} = 30\ \text{m} \cdot 0{,}67 \cdot 1{,}11 \cdot 0{,}5 = 11{,}16\ \text{m}$$

12.8.5 Beispiel 5

Das große Beispiel, wie mehrmals in diesem Buch gezeigt, wollen wir nun hier verwenden, den Spannungsfall an jedem Knoten zu berechnen (**Bild 12.2**). Ausführliche Berechnung erfolgt mit dem Längs- und Querspannungsfall.

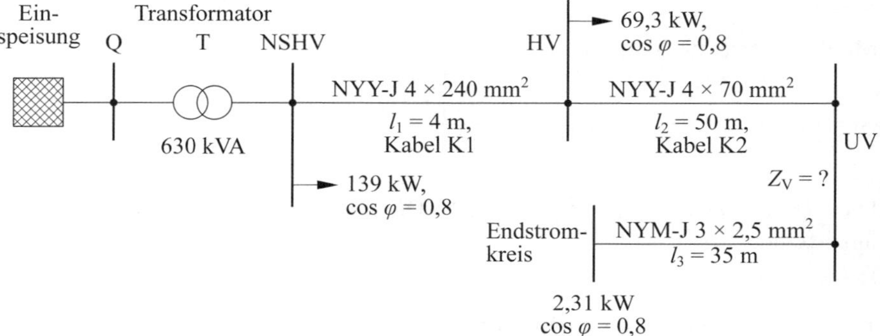

Bild 12.2 Netzplan der Beispielrechnung

Spannungsfallberechnung für Hauptkabel K1

NYY-J 4 × 240 mm², Cu, $R'_{\mathrm{L}} = 0,077\ \Omega/\mathrm{km}$, $X'_{\mathrm{L}} = 0,079\ \Omega/\mathrm{km}$, $R_{(0)\mathrm{L}} = 4 \cdot R_{\mathrm{L}}$, $X_{(0)\mathrm{L}} = 3,67 \cdot X_{\mathrm{L}}$, $l_1 = 4$ m

Belastung der Leitung mit $I_{\mathrm{B}} = 387,55$ A

Berechnung des Längsspannungsfalls ΔU_{L}

$$\Delta U_{\mathrm{L}} = \sqrt{3} \cdot I_{\mathrm{B}} \cdot l \cdot \left(R'_{\mathrm{L}} \cdot \cos(\varphi) + X'_{\mathrm{L}} \cdot \sin(\varphi)\right)$$

$$\begin{aligned}\Delta U_{\mathrm{L}/\varphi=0,8} &= \sqrt{3} \cdot I_{\mathrm{B}} \cdot l \cdot \left(R'_{\mathrm{L}} \cdot 0,8 + X'_{\mathrm{L}} \cdot 0,6\right) \\ &= \sqrt{3} \cdot 387,55\ \mathrm{A} \cdot 4 \cdot 10^{-3}\ \mathrm{km} \cdot \left(0,077\ \frac{\Omega}{\mathrm{km}} \cdot 0,8 + 0,079\ \frac{\Omega}{\mathrm{km}} \cdot 0,6\right) \\ &= 0,292\ 25\ \mathrm{V} \approx 292,25\ \mathrm{mV}\end{aligned}$$

Berechnung des Querspannungsfalls ΔU_q

$$\Delta U_q = \sqrt{3} \cdot l \cdot \left(X_L' \cdot \cos(\varphi) - R_L' \cdot \sin(\varphi) \right)$$

$$\begin{aligned}\Delta U_{q/\varphi=0,8} &= \sqrt{3} \cdot I_B \cdot l \cdot \left(X_L' \cdot 0,8 - R_L' \cdot 0,6 \right) \\ &= \sqrt{3} \cdot 387,55\ \text{A} \cdot 4 \cdot 10^{-3}\ \text{km} \cdot \left(0,079\ \frac{\Omega}{\text{km}} \cdot 0,8 + 0,077\ \frac{\Omega}{\text{km}} \cdot 0,6 \right) \\ &= 0,045\ 58\ \text{V} \approx 45,58\ \text{mV}\end{aligned}$$

Wie man sieht, hat der Querspannungsfall keine Bedeutung.

Berechnung des Spannungsfalls über den Impedanzwinkel ΔU_ψ

$$\begin{aligned}\psi &= \tan^{-1}\left(\frac{X_L}{R_L} \right) \\ &= \tan^{-1}\left(\frac{0,079\ \frac{\Omega}{\text{km}}}{0,077\ \frac{\Omega}{\text{km}}} \right) = 45,735°\end{aligned}$$

$$\begin{aligned}\Delta U_\psi &= \sqrt{3} \cdot I_B \cdot l \cdot \left(R_L' \cdot \cos(\psi) + X_L' \cdot \sin(\psi) \right) \\ &= \sqrt{3} \cdot I_B \cdot l \cdot \left(R_L' \cdot 0,698 + X_L' \cdot 0,716 \right) \\ &= \sqrt{3} \cdot 387,55\ \text{A} \cdot 4 \cdot 10^{-3}\ \text{km} \cdot \left(0,077\ \frac{\Omega}{\text{km}} \cdot 0,698 + 0,079\ \frac{\Omega}{\text{km}} \cdot 0,716 \right) \\ &= 0,295\ 79\ \text{V} \approx 295,79\ \text{mV}\end{aligned}$$

Berechnung des gesamten Spannungsfalls ΔU

$$\Delta U = U_n - \sqrt{\left(U_n - \Delta U_L \right)^2 + \left(\Delta U_q \right)^2}$$

$$\begin{aligned}\Delta U_{\varphi=0,8} &= U_n - \sqrt{\left(U_n - \Delta U_{L/\varphi=0,8} \right)^2 + \left(\Delta U_{q/\varphi=0,8} \right)^2} \\ &= 400\ \text{V} - \sqrt{(400\ \text{V} - 0,292\ 25\ \text{V})^2 + (0,045\ 58\ \text{V})^2} \\ &= 0,292\ 25\ \text{V} \approx 292,25\ \text{mV}\end{aligned}$$

Berechnung des gesamten Spannungsfalls ΔU_{exakt}

$$\delta = \sin^{-1}\left(\frac{\Delta U_{\text{q}}}{U_{\text{E}} + \Delta U_{\text{L}}}\right)$$

$$U_{\text{A}} = U_{\text{E}} + \Delta U$$

$$U_{\text{DIF}} = \Delta U_{\text{exakt}} - \Delta U = U_{\text{A}}\left(1 - \cos(\delta)\right)$$

$$\Delta U_{\text{exakt}} = U_{\text{DIF}} + \Delta U$$

$$F = -\frac{U_{\text{DIF}}}{\Delta U} \cdot 100\ \%$$

	$\cos\varphi = 1$	$\cos\varphi = 0{,}95$	$\cos\varphi = 0{,}8$	$\cos\varphi = 0{,}6$
δ_{φ}	0,030 33°	0,019 58°	0,006 52°	–0,005 45°
$U_{\text{A}\varphi}$	400,206 V	400,262 V	400,292 V	400,293 V
$U_{\text{DIF}\varphi}$	0,056 1 mV	0,023 4 mV	0,002 6 mV	0,001 8 mV
$\Delta U_{\text{exakt}\varphi}$	0,207 V	0,262 V	0,292 V	0,293 V
F_{φ}	–0,027 2 %	–0,008 9 %	–0,000 89 %	–0,000 62 %

Tabelle 12.2 Ermittlung des exakten Spannungsfalls der Hauptkabel 1 mit unterschiedlichen Phasenwinkeln

Berechnung des Spannungsfalls nach VDE ΔU_{VDE}, für Drehstromkreise ist $b = 1$ anzunehmen.

$$\begin{aligned}\Delta U_{\text{VDE}} &= b \cdot l \cdot I_{\text{B}} \cdot \left(R'_{\text{L}} \cdot \cos(\varphi) + X'_{\text{L}} \cdot \sin(\varphi)\right) \\ &= 1 \cdot 4 \cdot 10^{-3}\ \text{km} \cdot 387{,}55\ \text{A} \cdot \left(0{,}077\ \frac{\Omega}{\text{km}} \cdot 0{,}8 + 0{,}079\ \frac{\Omega}{\text{km}} \cdot 0{,}6\right) \\ &= 0{,}168\,9\ \text{V} \approx 0{,}17\ \text{V}\end{aligned}$$

Spannungsfallberechnung für die Zuleitung der Hauptverteilung K2:

NYY-J 4 × 70 mm², Cu, $R'_\text{L} = 0{,}263\ \Omega/\text{km}$, $X'_\text{L} = 0{,}082\ \Omega/\text{km}$, $R_{(0)\text{L}} = 4 \cdot R_\text{L}$, $X_{(0)\text{L}} = 3{,}66 \cdot X_\text{L}$, $l_2 = 50$ m
Belastung der Leitung mit $I_\text{B} = 137{,}55$ A

Berechnung des Längsspannungsfalls ΔU_L

$$\begin{aligned}\Delta U_{\text{L}/\varphi=0{,}8} &= \sqrt{3}\cdot I_\text{B}\cdot l\cdot\left(R'_\text{L}\cdot 0{,}8 + X'_\text{L}\cdot 0{,}6\right)\\ &= \sqrt{3}\cdot 137{,}55\ \text{A}\cdot 50\cdot 10^{-3}\ \text{km}\cdot\left(0{,}263\ \frac{\Omega}{\text{km}}\cdot 0{,}8 + 0{,}082\ \frac{\Omega}{\text{km}}\cdot 0{,}6\right)\\ &= 3{,}080\ \text{V} \approx 3{,}08\ \text{V}\end{aligned}$$

Berechnung des Querspannungsfalls ΔU_q

$$\begin{aligned}\Delta U_{\text{q}/\varphi=0{,}8} &= \sqrt{3}\cdot I_\text{B}\cdot l\cdot\left(X'_\text{L}\cdot 0{,}8 - R'_\text{L}\cdot 0{,}6\right)\\ &= \sqrt{3}\cdot 137{,}55\ \text{A}\cdot 50\cdot 10^{-3}\ \text{km}\cdot\left(0{,}082\ \frac{\Omega}{\text{km}}\cdot 0{,}8 + 0{,}263\ \frac{\Omega}{\text{km}}\cdot 0{,}6\right)\\ &= -1{,}093\,9\ \text{V} \approx -1{,}09\ \text{V}\end{aligned}$$

Berechnung des Spannungsfalls über den Impedanzwinkel ΔU_ψ

$$\begin{aligned}\psi &= \tan^{-1}\left(\frac{X_\text{L}}{R_\text{L}}\right)\\ &= \tan^{-1}\left(\frac{0{,}082\ \frac{\Omega}{\text{km}}}{0{,}263\ \frac{\Omega}{\text{km}}}\right) = 17{,}317°\end{aligned}$$

$$\begin{aligned}\Delta U_\psi &= \sqrt{3}\cdot I_\text{B}\cdot l\cdot\left(R'_\text{L}\cdot\cos(\psi) + X'_\text{L}\cdot\sin(\psi)\right)\\ &= \sqrt{3}\cdot I_\text{B}\cdot l\cdot\left(R'_\text{L}\cdot 0{,}955 + X'_\text{L}\cdot 0{,}298\right)\\ &= \sqrt{3}\cdot 137{,}55\ \text{A}\cdot 50\cdot 10^{-3}\ \text{km}\cdot\left(0{,}263\ \frac{\Omega}{\text{km}}\cdot 0{,}955 + 0{,}082\ \frac{\Omega}{\text{km}}\cdot 0{,}298\right)\\ &= 3{,}268\,5\ \text{V} \approx 3{,}27\ \text{V}\end{aligned}$$

Berechnung des gesamten Spannungsfalls ΔU

$$\Delta U = U_\mathrm{n} - \sqrt{\left(U_\mathrm{n} - \Delta U_\mathrm{L}\right)^2 + \left(\Delta U_\mathrm{q}\right)^2}$$

$$\begin{aligned}\Delta U_{\varphi=0,8} &= U_\mathrm{n} - \sqrt{\left(U_\mathrm{n} - \Delta U_{\mathrm{L}/\varphi=0,8}\right)^2 + \left(\Delta U_{\mathrm{q}/\varphi=0,8}\right)^2} \\ &= 400\ \mathrm{V} - \sqrt{\left(400\ \mathrm{V} - 3,080\ \mathrm{V}\right)^2 + \left(-1,093\,9\ \mathrm{V}\right)^2} \\ &= 3,078\,5\ \mathrm{V} \approx 3,08\ \mathrm{V}\end{aligned}$$

Berechnung des gesamten Spannungsfalls ΔU_exakt

$$\delta = \sin^{-1}\left(\frac{\Delta U_\mathrm{q}}{U_\mathrm{E} + \Delta U_\mathrm{L}}\right)$$

$$U_\mathrm{A} = U_\mathrm{E} + \Delta U$$

$$U_\mathrm{DIF} = \Delta U_\mathrm{exakt} - \Delta U = U_\mathrm{A}\left(1 - \cos(\delta)\right)$$

$$\Delta U_\mathrm{exakt} = U_\mathrm{DIF} + \Delta U$$

$$F = -\frac{U_\mathrm{DIF}}{\Delta U} \cdot 100\ \%$$

	$\cos\varphi = 1$	$\cos\varphi = 0,95$	$\cos\varphi = 0,8$	$\cos\varphi = 0,6$
$\boldsymbol{\delta_\varphi}$	0,138 28°	–0,007 01°	–0,155 549°	–0,272 15°
$\boldsymbol{U_{\mathrm{A}\varphi}}$	403,119 V	403,268 V	403,079 V	402,646 V
$\boldsymbol{U_{\mathrm{DIF}\varphi}}$	1,173 mV	0,003 01 mV	1,484 mV	4,542 mV
$\boldsymbol{\Delta U_{\mathrm{exakt}\varphi}}$	3,120 3 V	3,268 V	3,08 V	2,650 V
$\boldsymbol{F_\varphi}$	–0,037 64 %	–0,000 09 %	–0,048 22 %	–0,171 67 %

Tabelle 12.3 Ermittlung des exakten Spannungsfalls für die Zuleitung der Hauptverteilung 2 mit unterschiedlichen Phasenwinkeln

Berechnung des Spannungsfalls nach VDE ΔU_{VDE}, für Drehstromkreise ist b = 1 anzunehmen.

$$\Delta U_{\text{VDE}} = b \cdot l \cdot I_{\text{B}} \cdot \left(R_{\text{L}}' \cdot \cos(\varphi) + X_{\text{L}}' \cdot \sin(\varphi)\right)$$

$$= 1 \cdot 50 \cdot 10^{-3}\ \text{km} \cdot 137{,}55\ \text{A} \cdot \left(0{,}263\ \frac{\Omega}{\text{km}} \cdot 0{,}8 + 0{,}082\ \frac{\Omega}{\text{km}} \cdot 0{,}6\right)$$

$$= 1{,}785\,4\ \text{V} \approx 1{,}79\ \text{V}$$

Spannungsfallberechnung für die Zuleitung K3 (Endstromkreis):

NYM-J 3 × 2,5 mm^2, Cu, $R_{\text{L}}' = 7{,}410\ \Omega/\text{km}$, $X_{\text{L}}' = 0{,}11\ \Omega/\text{km}$, $R_{(0)\text{L}} = 4 \cdot R_{\text{L}}$, $X_{(0)\text{L}} = 3{,}66 \cdot X_{\text{L}}$, $l_3 = 35$ m

Annahme: Absicherung mit MCB B16 A

Berechnung des Längsspannungsfalls ΔU_{L} ohne X_{L}'

$$\Delta U_{\text{L}} = 2 \cdot I_{\text{n}} \cdot l \cdot R_{\text{L}}' \cdot \cos(\varphi)$$

$$\Delta U_{\text{L}/\varphi=0{,}8} = 2 \cdot I_{\text{n}} \cdot l \cdot R_{\text{L}}' \cdot 0{,}8$$

$$= 2 \cdot 16\ \text{A} \cdot 35 \cdot 10^{-3}\ \text{km} \cdot 7{,}410\ \frac{\Omega}{\text{km}} \cdot 0{,}8$$

$$= 6{,}639\ \text{V} \approx 6{,}64\ \text{V}$$

Berechnung des Längsspannungsfalls ΔU_{L} mit X_{L}'

$$\Delta U_{\text{L}} = 2 \cdot I_{\text{n}} \cdot l \cdot \left(R_{\text{L}}' \cdot \cos(\varphi) + X_{\text{L}}' \cdot \sin(\varphi)\right)$$

$$\Delta U_{\text{L}/\varphi=0{,}8} = 2 \cdot I_{\text{n}} \cdot l \cdot \left(R_{\text{L}}' \cdot 0{,}8 + X_{\text{L}}' \cdot 0{,}6\right)$$

$$= 2 \cdot 16\ \text{A} \cdot 35 \cdot 10^{-3}\ \text{km} \cdot \left(7{,}410\ \frac{\Omega}{\text{km}} \cdot 0{,}8 + 0{,}11\ \frac{\Omega}{\text{km}} \cdot 0{,}6\right)$$

$$= 6{,}713\ \text{V} \approx 6{,}71\ \text{mV}$$

Berechnung des Querspannungsfalls ΔU_q

$$\Delta U_q = 2 \cdot l \cdot \left(X_L' \cdot \cos(\varphi) - R_L' \cdot \sin(\varphi) \right)$$

$$\begin{aligned}\Delta U_{q/\varphi=0,8} &= 2 \cdot I_n \cdot l \cdot \left(X_L' \cdot 0{,}8 - R_L' \cdot 0{,}6 \right) \\ &= 2 \cdot 16\ \text{A} \cdot 35 \cdot 10^{-3}\ \text{km} \cdot \left(0{,}11\ \frac{\Omega}{\text{km}} \cdot 0{,}8 + 7{,}410\ \frac{\Omega}{\text{km}} \cdot 0{,}6 \right) \\ &= -4{,}881\ \text{V} \approx -4{,}88\ \text{V}\end{aligned}$$

Berechnung des Spannungsfalls über den Impedanzwinkel ΔU_ψ

$$\begin{aligned}\psi &= \tan^{-1}\left(\frac{X_L}{R_L} \right) \\ &= \tan^{-1}\left(\frac{0{,}11\ \frac{\Omega}{\text{km}}}{7{,}41\ \frac{\Omega}{\text{km}}} \right) = 0{,}85°\end{aligned}$$

$$\begin{aligned}\Delta U_\psi &= 2 \cdot I_n \cdot l \cdot \left(R_L' \cdot \cos(\psi) + X_L' \cdot \sin(\psi) \right) \\ &= 2 \cdot I_n \cdot l \cdot \left(R_L' \cdot 0{,}698 + X_L' \cdot 0{,}716 \right) \\ &= 2 \cdot 16\ \text{A} \cdot 35 \cdot 10^{-3}\ \text{km} \cdot \left(7{,}41\ \frac{\Omega}{\text{km}} \cdot 0{,}999 + 0{,}11\ \frac{\Omega}{\text{km}} \cdot 0{,}015 \right) \\ &= 8{,}3001\ \text{V} \approx 8{,}3\ \text{V}\end{aligned}$$

Berechnung des gesamten Spannungsfalls ΔU

$$\Delta U = U_n - \sqrt{\left(U_n - \Delta U_L \right)^2 + \left(\Delta U_q \right)^2}$$

$$\begin{aligned}\Delta U_{\varphi=0,8} &= U_n - \sqrt{\left(U_n - \Delta U_{L/\varphi=0,8} \right)^2 + \left(\Delta U_{q/\varphi=0,8} \right)^2} \\ &= 230\ \text{V} - \sqrt{(230\ \text{V} - 6{,}712\ \text{V})^2 + (-4{,}881\ \text{V})^2} \\ &= 6{,}659\ \text{V} \approx 6{,}66\ \text{V}\end{aligned}$$

Berechnung des gesamten Spannungsfalls $\Delta U_{\mathrm{exakt}}$

$$\delta = \sin^{-1}\left(\frac{\Delta U_{\mathrm{q}}}{U_{\mathrm{E}} + \Delta U_{\mathrm{L}}}\right)$$

$$U_{\mathrm{A}} = U_{\mathrm{E}} + \Delta U$$

$$U_{\mathrm{DIF}} = \Delta U_{\mathrm{exakt}} - \Delta U = U_{\mathrm{A}}\left(1 - \cos(\delta)\right)$$

$$\Delta U_{\mathrm{exakt}} = U_{\mathrm{DIF}} + \Delta U$$

$$F = -\frac{U_{\mathrm{DIF}}}{\Delta U} \cdot 100\ \%$$

	$\cos\varphi = 1$	$\cos\varphi = 0{,}95$	$\cos\varphi = 0{,}8$	$\cos\varphi = 0{,}6$
$\boldsymbol{\delta_{\varphi}}$	0,029 62°	–0,595 38°	–1,181 51°	–1,600 4°
$\boldsymbol{U_{\mathrm{A}\varphi}}$	238,299 V	237,91 V	236,66 V	234,982 V
$\boldsymbol{U_{\mathrm{DIF}\varphi}}$	3,184 7 V	0,012 8 V	0,050 3 V	0,091 7 V
$\boldsymbol{\Delta U_{\mathrm{exakt}\varphi}}$	8,299 2 V	7,921 8 V	6,710 3 V	5,073 9 V
$\boldsymbol{F_{\varphi}}$	–0,000 38 %	–0,162 41 %	–0,755 5 %	–1,839 8 %

Tabelle 12.4 Ermittlung des exakten Spannungsfalls der Zuleitung 3 mit unterschiedlichen Phasenwinkeln

Berechnung des Spannungsfalls nach VDE ΔU_{VDE}, für Drehstromkreise ist $b = 2$ anzunehmen.

$$\Delta U_{\mathrm{VDE}} = b \cdot l \cdot I_{\mathrm{B}} \cdot \left(R_{\mathrm{L}}' \cdot \cos(\varphi) + X_{\mathrm{L}}' \cdot \sin(\varphi)\right)$$

$$= 2 \cdot 35 \cdot 10^{-3}\ \mathrm{km} \cdot 16\ \mathrm{A} \cdot \left(7{,}41\ \frac{\Omega}{\mathrm{km}} \cdot 0{,}8 + 0{,}11\ \frac{\Omega}{\mathrm{km}} \cdot 0{,}6\right)$$

$$= 6{,}713\,3\ \mathrm{V} \approx 6{,}71\ \mathrm{V}$$

Spannungsfallberechnung für den Transformator

Annahme: Bemessungsdaten des Transformators sind: $S_{rT} = 630$ kVA, $I_{rT} = 909$ A, $P_{kRT} = 6{,}5$ kW, $u_{kr} = 4$ %.

Berechnung der Spannungsänderung am Transformator näherungsweise – Berechnung des ohmschen Spannungsfalls u_{Rr}

$$u_{Rr} = \frac{P_{kr}}{S_{rT}} \cdot 100\,\%$$
$$= \frac{6{,}5 \cdot 10^3\ \text{W}}{630 \cdot 10^3\ \text{VA}} \cdot 100\,\%$$
$$= 1{,}031\,7\,\%$$

Berechnung der Streuspannung u_{Xr}

$$u_{Xr} = \sqrt{u_{kr}^2 - u_{Rr}^2}$$
$$= \sqrt{4\,\%^2 - 1{,}031\,7\,\%^2}$$
$$= 3{,}864\,7$$

Berechnung der Spannungsänderung u_φ näherungsweise

$$u_\varphi = u_{Rr} \cdot \cos(\varphi) + u_{Xr} \cdot \sin(\varphi)$$

Spannung an den Klemmen der Abgangsseite U_a

$$U_{a/\varphi} = U_{rT} \cdot \left(1 - \frac{u_\varphi}{100\,\%}\right)$$

Spannungsfall Ausgang des Transformators ΔU_T

$$\Delta U_{T/\varphi} = U_{rT} - U_{a/\varphi}$$

Berechnung des Spannungsfalls für $\cos(\varphi) = 0,8$

$$u_{\varphi=0,8} = 1,031\,7\ \% \cdot \cos(\varphi) + 3,864\,7\ \% \cdot \sin(\varphi)$$
$$= 1,031\,7\ \% \cdot 0,8 + 3,864\,7\ \% \cdot 0,6$$
$$= 3,144\,2\ \%$$

$$U_{\mathrm{a}/\varphi=0,8} = U_{\mathrm{rT}} \cdot \left(1 - \frac{u_{\varphi=0,8}}{100\ \%}\right)$$
$$= 400\ \mathrm{V} \cdot \left(\frac{3,144\,2\ \%}{100\ \%}\right)$$
$$= 387,423\,2\ \mathrm{V}$$

$$\Delta U_{\mathrm{T}/\varphi=0,8} = U_{\mathrm{rT}} - U_{\mathrm{a}/\varphi=0,8}$$
$$= 400\ \mathrm{V} - 387,423\,2\ \mathrm{V}$$
$$= 12,577\ \mathrm{V}$$

	$\cos\varphi = 1$	$\cos\varphi = 0,95$	$\cos\varphi = 0,8$	$\cos\varphi = 0,6$
u_{φ}	1,0317 %	2,1859 %	3,1442 %	3,7108 %
$U_{\mathrm{a}/\varphi}$	395,873 V	391,256 V	387,4232 V	385,1569 V
$U_{\mathrm{T}/\varphi}$	4,127 V	8,744 V	12,577 V	14,843 V

Tabelle 12.5 Näherungsweise Ermittlung des Spannungsfalls am Transformator mit unterschiedlichen Phasenwinkeln

Genaue Berechnung der Spannungsänderung am Transformator – Berechnung der Terme u'_{φ}

$$u'_{\varphi} = u_{\mathrm{Rr}} \cdot \cos(\varphi) + u_{\mathrm{Xr}} \cdot \sin(\varphi)$$

Berechnung der Terme u''_{φ}

$$u''_{\varphi} = u_{\mathrm{Rr}} \cdot \sin(\varphi) - u_{\mathrm{Xr}} \cdot \cos(\varphi)$$

Berechnung der Spannungsänderung u_{φ}

$$u_{\varphi} = u'_{\varphi} + \frac{1}{2} \cdot \frac{\left(u''_{\varphi}\right)^2}{10^2} + \frac{1}{8} \cdot \frac{\left(u''_{\varphi}\right)^2}{10^6}$$

Spannung an den Klemmen der Abgangsseite U_a

$$U_{a/\varphi} = U_{rT} \cdot \left(1 - \frac{u_\varphi}{100\ \%}\right)$$

Spannungsfall Ausgang des Transformators ΔU_T

$$\Delta U_{T/\varphi} = U_{rT} - U_{a/\varphi}$$

Berechnung des Spannungsfalls für $\cos(\varphi) = 0,8$

$$\begin{aligned} u'_{\varphi=0,8} &= 1,031\,7\ \% \cdot \cos(\varphi) + 3,864\,7 \cdot \sin(\varphi) \\ &= 1,031\,7\ \% \cdot 0,8 + 3,864\,7 \cdot 0,6 \\ &= 3,144\,2\ \% \end{aligned}$$

$$\begin{aligned} u''_{\varphi=0,8} &= 1,031\,7\ \% \cdot \sin(\varphi) - 3,864\,7\ \% \cdot \cos(\varphi) \\ &= 1,031\,7\ \% \cdot \sin 0,6 - 3,864\,7\ \% \cdot \cos 0,8 \\ &= 3,174\,8\ \% \end{aligned}$$

$$\begin{aligned} u_\varphi &= u'_\varphi + \frac{1}{2} \cdot \frac{\left(u''_\varphi\right)^2}{10^2} + \frac{1}{8} \cdot \frac{\left(u''_\varphi\right)^2}{10^6} \\ &= 3,144\,2\ \% + \frac{1}{2} \cdot \frac{(-2,472\,7\ \%)^2}{10^2} + \frac{1}{8} \cdot \frac{(-2,472\,7\ \%)^2}{10^6} \\ &= 3,174\,8\ \% \end{aligned}$$

$$\begin{aligned} U_{a/\varphi=0,8} &= U_{rT} \cdot \left(1 - \frac{u_{\varphi=0,8}}{100\ \%}\right) \\ &= 400\ \text{V} \cdot \left(\frac{3,174\,8\ \%}{100\ \%}\right) \\ &= 387,3\ \text{V} \end{aligned}$$

$$\begin{aligned} \Delta U_{T/\varphi=0,8} &= U_{rT} - U_{a/\varphi=0,8} \\ &= 400\ \text{V} - 387,3\ \text{V} \\ &= 12,699\ \text{V} \end{aligned}$$

	$\cos\varphi = 1$	$\cos\varphi = 0{,}95$	$\cos\varphi = 0{,}8$	$\cos\varphi = 0{,}6$
u'_{φ}	1,0317 %	2,1859 %	3,1442 %	3,7108 %
u''_{φ}	–3,8647 %	–3,3495 %	–2,4727 %	–1,4934 %
u_{φ}	1,1065 %	2,242 %	3,1748 %	3,7219 %
$U_{a/\varphi}$	395,574 V	391,032 V	387,3 V	385,112 V
$U_{T/\varphi}$	4,426 V	8,968 V	12,699 V	14,888 V

Tabelle 12.6 Ermittlung des Spannungsfalls am Transformator mit unterschiedlichen Phasenwinkeln

Exakte Berechnung der Spannungsänderung am Transformator – Impedanz des Transformators $\underline{Z}_T$

$$\underline{Z}_T = R_T + j \cdot X_T$$
$$= 2{,}62 \cdot 10^{-3}\ \Omega + j \cdot 9{,}86 \cdot 10^{-3}\ \Omega$$

Berechnung von ΔU_{re}

$$\Delta U_{re} = I_{rT} \cdot R_T \cdot \cos(\varphi)$$

Berechnung von ΔU_{img}

$$\Delta U_{img} = I_{rT} \cdot X_T \cdot \sin(\varphi)$$

Berechnung von ΔU

$$\Delta U = \Delta U_{re} + U_m = \Delta U_{re} + U_A - \sqrt{U_A^2 - \left(\Delta U_{img}\right)^2}$$

Berechnung von Δu

$$\Delta u = \frac{100\ \% \cdot \Delta U}{U}$$

Berechnung des Spannungsfalls für $\cos(\varphi) = 0{,}8$

$$\Delta U_{re/\varphi=0{,}8} = I_{rT} \cdot R_T \cdot \cos(\varphi)$$
$$= 909\ \text{A} \cdot 2{,}62 \cdot 10^{-3}\ \Omega \cdot 0{,}8$$
$$= 1{,}9053\ \text{V}$$

$$\Delta U_{\text{img}/\varphi=0,8} = I_{\text{rT}} \cdot X_{\text{T}} \cdot \sin(\varphi)$$
$$= 909\ \text{A} \cdot 9{,}86 \cdot 10^{-3}\ \Omega \cdot 0{,}6$$
$$= 5{,}377\,6\ \text{V}$$

$$\Delta U_{\varphi=0,8} = \Delta U_{\text{re}/\varphi=0,8} + U_{\text{m}} = \Delta U_{\text{re}} + U_{\text{A}} - \sqrt{U_{\text{A}}^2 - \left(\Delta U_{\text{img}/\varphi=0,8}\right)^2}$$
$$= 1{,}905\,3\ \text{V} + 400 - \sqrt{400\ \text{V}^2 - 5{,}377\,6\ \text{V}^2}$$
$$= 1{,}941\,4\ \text{V}$$

$$\Delta u = \frac{100\ \% \cdot \Delta U_{\varphi=0,8}}{U}$$
$$= \frac{100\ \% \cdot 1{,}941\,4\ \text{V}}{400\ \text{V}}$$
$$= 0{,}485\ \%$$

	$\cos\varphi = 1$	$\cos\varphi = 0{,}95$	$\cos\varphi = 0{,}8$	$\cos\varphi = 0{,}6$
Δu_{φ}	0,595 5 %	0,568 1 %	0,485 %	0,373 %
ΔU_{φ}	2,382 V	2,272 3 V	1,941 4 V	1,493 2 V

Tabelle 12.7 Exakte Ermittlung des Spannungsfalls am Transformator mit unterschiedlichen Phasenwinkeln

Berechnung des Spannungsfalls für $\cos(\varphi) = 0{,}8$

$$\Delta U_{\varphi=0,8} = I_{\text{rT}} \cdot \left(R_{\text{T}} \cdot \cos(\varphi) + X_{\text{T}} \cdot \sin(\varphi)\right)$$
$$= 909\ \text{A} \cdot \left(2{,}62 \cdot 10^{-3}\ \Omega \cdot 0{,}8 + 9{,}86 \cdot 10^{-3} \cdot 0{,}6\right)$$
$$= 7{,}283\ \text{V}$$

$$\Delta u = \frac{100\ \% \cdot \Delta U_{\varphi=0,8}}{U}$$
$$= \frac{100\ \% \cdot 7{,}283\ \text{V}}{400\ \text{V}}$$
$$= 1{,}821\ \%$$

Übersicht der Ergebnisse im Vergleich

Das gleiche Beispiel in diesem Beitrag wurde mit verschiedenen Leistungsfaktoren und dem Impedanzwinkel ausführlich berechnet. Querspannungsfall hat keine Bedeutung in der Niederspannung. **Tabelle 12.8** und **Tabelle 12.9** zeigen alle Ergebnisse vom Transformator bis zur Steckdose.

$\cos(\varphi)$	ΔU_T Näherung in V	ΔU_T genau in V	ΔU_T exakt in V	$\Delta U_T(I_{rT})$ exakt ohne X_L in V	$\Delta U_T(I_{rT})$ exakt mit X_L in V
1	4,127	4,426	2,382	2,382	2,382
0,95	8,744	8,968	2,272	2,263	5,059
0,8	12,577	12,699	1,941	1,905	7,283
0,6	14,843	14,888	1,493	1,493	8,599

Tabelle 12.8 Ergebnisübersicht Transformator

S in mm²	$\cos(\varphi)$	ψ in °	ΔU_L ohne X_L in V	ΔU_L mit X_L in V	ΔU_q in V	ΔU_{ges} in V	ΔU_{exakt} in V	ΔU_{ψ} in V	ΔU_{VDE} in V
	1	–	–	0,2667	0,2737	0,2667	0,267	–	0,154
	0,95	–	–	0,3388	0,1768	0,3387	0,339	–	0,1956
240	0,8	–	–	0,3776	0,0589	0,3776	0,378	–	0,218
	0,6	–	–	0,379	–0,0492	0,379	0,379	–	0,2188
	–	45,735	–	–	–	–	–	0,3822	–
	1	–	–	4,555	1,420	4,553	4,555	–	2,63
	0,95	–	–	4,771	–0,0719	4,771	4,771	–	2,754
70	0,8	–	–	4,496	–1,597	4,493	4,496	–	2,596
	0,6	–	–	3,869	–2,792	3,859	3,869	–	2,234
	–	17,317	–	–	–	–	–	4,772	–
	1	–	8,299	8,299	0,1232	8,299	8,299	–	8,299
	0,95	–	7,884	7,923	–2,472	7,909	7,922	–	7,923
2,5	0,8	–	6,639	6,713	–4,881	6,659	6,710	–	6,713
	0,6	–	4,979	5,078	–6,565	4,982	5,074	–	5,078
	–	0,85	–	–	–	–	–	8,3001	–

Tabelle 12.9 Ergebnisübersicht Kabel/Leitungen

Parameter Kabel/Leitung					Spannungsfall in V/m						
Nennstrom der Überspannungsschutzeinrichtung in A	Kupfer-Kabel/-Leitung			cos(ψ)	cos(ψ)	cos(φ)					
	Nennquerschnitt A in mm^2	Resistanzbelag R'_L in mΩ/m	Reaktanzbelag X'_L in mΩ/m			0,95	0,9	0,8	0,6	0,5	0,4
10	1,5	12,100	0,115	1,000	0,210	0,200	0,189	0,169	0,127	0,107	0,086
16	2,5	7,410	0,107	1,000	0,205	0,196	0,186	0,166	0,126	0,105	0,085
20	4	4,610	0,106	1,000	0,160	0,153	0,145	0,130	0,099	0,083	0,067
25	6	3,080	0,101	0,999	0,133	0,128	0,122	0,109	0,084	0,070	0,057
32	10	1,830	0,095	0,999	0,102	0,098	0,094	0,084	0,065	0,055	0,045
63	16	1,150	0,089	0,997	0,126	0,122	0,117	0,106	0,083	0,071	0,059
80	25	0,727	0,088	0,993	0,101	0,100	0,096	0,088	0,070	0,061	0,051
100	35	0,524	0,085	0,987	0,092	0,091	0,088	0,081	0,066	0,058	0,050
160	50	0,387	0,085	0,977	0,110	0,109	0,107	0,100	0,083	0,074	0,064
200	70	0,268	0,082	0,956	0,097	0,097	0,096	0,091	0,078	0,071	0,063
315	95	0,193	0,082	0,920	0,114	0,114	0,114	0,111	0,099	0,091	0,083
400	120	0,153	0,081	0,884	0,120	0,118	0,120	0,118	0,108	0,102	0,094

Tabelle 12.10 Resistanz- und Reaktanzbeläge sowie Leitungsimpedanz von Leitungen

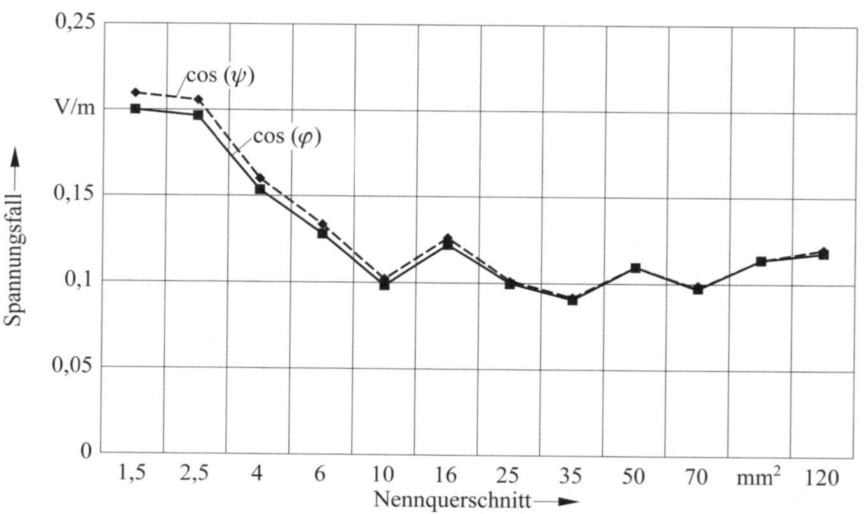

Bild 12.3 Vergleich der Leitungsimpedanz ψ und des Leistungsfaktors cos φ

12.9 Leitungsimpedanz

In der Praxis wird der Spannungsfall oft mit dem Betriebsstrom des Verbrauchers oder mit dem Bemessungsstrom der Schutzeinrichtung berechnet. Dabei wird der Leistungsfaktor $\cos\varphi$ bei 50 Hz berücksichtigt. Es wird außerdem angenommen, dass der Impedanzwinkel $\cos\psi$ der Kabel oder Leitungen gleich dem Leistungsfaktors $\cos\varphi$ des Verbrauchers ist.

Mit den vorgegebenen Leitungsgrößen wie Resistanz- und Reaktanzbeläge können Impedanzwinkel von Leitungen wie folgt berechnet werden [6]:

$$\tan\psi = \frac{X'_\mathrm{L}}{R'_\mathrm{L}}$$

Damit ergibt sich der Impedanzwinkel:

$$\cos\psi_\mathrm{L} = \frac{1}{\sqrt{1+\tan^2\psi}}$$

Die Ergebnisse der Berechnungen für die Leitungsimpedanz ψ und den Leistungsfaktor $\cos\varphi$ sind in **Tabelle 12.10** dargestellt.

Bild 12.3 zeigt einen Vergleich der Leitungsimpedanz und des Leistungsfaktors.

12.10 Spannungsfallberechnung nach DIN VDE 0100-520 Beiblatt 2

Das Beiblatt 2 enthält Informationen zum Schutz bei Überlast, zur Auswahl von Überstromschutzeinrichtungen und zu max. zulässigen Kabel- und Leitungslängen, die sich aus der Einhaltung des zulässigen Spannungsfalls sowie von Abschaltzeiten zum Schutz gegen elektrischen Schlag ergeben. Dieses Beiblatt gilt besonders für Wohngebäude und ähnlich genutzte Gebäude:

a) für die Ermittlung der zulässigen Strombelastbarkeit bei fester Verlegung von Kabeln und Leitungen in oder an Bauwerken sowie für Kabel in Erde nach DIN VDE 0298-4;
b) für den Schutz bei Überlast von Kabeln und Leitungen nach DIN VDE 0100-430;
c) für die Ermittlung der max. zulässigen Kabel- und Leitungslängen, bei denen
   - der zulässige Spannungsfall im Normalbetrieb nach Niederspannungsanschlussverordnung (NAV) und DIN 18015-1 sowie

– die automatische Abschaltung der Stromversorgung zum Schutz gegen elektrischen Schlag nach DIN VDE 0100-410 und der Schutz bei Kurzschluss nach DIN VDE 0100-430 sichergestellt sind.

Gegenüber DIN VDE 0100-520 Beiblatt 2:2010-10 (zurückgezogen) wurden folgende wesentliche Änderungen vorgenommen:

a) in Tabelle 1 erfolgt nun eine Zuordnung sowohl der Leitungsschutzschalter als auch der Sicherungen mit Charakteristik gG zum Schutz bei Überlast von Kabeln und Leitungen für häufig angewendete Verlegearten;
b) unterschiedliche Angaben zum Spannungsfall in DIN VDE 0100-520, DIN 18015-1, Niederspannungsanschlussverordnung (NAV) werden grafisch dargestellt und deren Anwendung beschrieben;
c) Gleichungen zur Berechnung der max. Kabel- und Leitungslänge bei Einhaltung des Spannungsfalls und der Abschaltbedingung werden angegeben;
d) Tabelle 2 (neu) enthält Reduktionsfaktoren zur Ermittlung der Belastbarkeit von Kabel und Leitungen, die in einer Dämmung auf einer Länge ≥ 50 mm verlegt sind;
e) Tabelle 3 zur max. Kabel- und Leitungslänge bei Spannungsfall wird auf übliche Querschnitte für den Anwendungsbereich begrenzt;
f) in Tabelle 4 werden Werte zur max. Kabel- und Leitungslänge bei Spannungsfall in Gleichstromnetzen angegeben;
g) in Tabelle 6 wird der Längenkorrekturfaktor bei abweichender Netzvorimpedanz 300 mΩ mit höherem Detaillierungsgrad angegeben;
h) in Tabelle 6 erfolgt nunmehr die Berechnung der max. Kabel- und Leitungslänge mit der Leitertemperatur am Ende des Kurzschlusses.

Der max. zulässige Spannungsfall ist abhängig von der Art der Einspeisung der elektrischen Anlage. Es wird in DIN VDE 0100-520 Beiblatt 2:2023-10 unterschieden:

Fall A: Versorgung durch ein öffentliches Energieversorgungsnetz

Im Allgemeinen gilt hier der Spannungsfall ab dem Hausanschlusskasten (HAK) und die Niederspannungsanschlussverordnung (NAV), DIN 18015-1 und DIN VDE 0100-520 berücksichtigt.

Fall B: Versorgung durch ein privates Energieversorgungsnetz

Das private Energieversorgungsnetz beginnt ab dem Netzanschlusspunkt (NAP), d. h. ab dem Punkt, ab dem die Kundenanlage über den Netzanschluss an das Netz der allgemeinen Versorgung angeschlossen ist. Das private Energieversorgungsnetz kann z. B. PV-Anlage, BHKW, Brennstoffzelle, Netztransformatoren als Energiequellen enthalten.

Dabei gelten für die Berechnung der Spannungsfälle die Angaben in DIN VDE 0100-520: 2023-06, Anhang G.

Die Berechnungsgrundlage für den Spannungsfall sind die Gln. 12.7 und 12.8 in diesem Buch. Die Leitungslänge kann man dann mit der Umstellung der beiden Gleichungen berechnen.

Für Gleichstromnetze können die max. zulässigen Kabel- und Leitungslängen von ausgewählten Kabeln und Leitungen mit einer Nennspannung von 400 V bei einem Spannungsfall von 3 % direkt DIN VDE 0100-520 Beiblatt 2:2023-10, Tabelle 4 entnommen oder mit der folgenden Gleichung berechnet werden:

$$l = \frac{\Delta u \cdot U_{\mathrm{n}}}{I_{\mathrm{B}} \cdot 2 \cdot R'_{\mathrm{L}} \cdot 100\,\%}$$

Dabei ist:

l Leitungslänge in m,

Δu relativer Spannungsfall von 3 %,

U_{n} Nennspannung des Netzes 400 V,

I_{B} Betriebsstrom des Stromkreises in A,

R'_{L} Resistanzbelag des Leiters in mΩ/m

12.11 Zusammenfassung

Die Einhaltung des zulässigen Spannungsfalls ist ein wichtiges Kriterium für die richtige Funktion von elektrischen Betriebsmitteln. In den aktuellen Normen DIN VDE 0100-520 und DIN 18015 existieren Empfehlungen.

In der Niederspannungsanschlussverordnung (NAV) steht lediglich, dass 3 % nach dem Zählerplatz einzuhalten sind. Jeder Planer muss nach Gegebenheiten und Kriterien der Prozesse seine Anlage planen, berechnen und betreiben. Maximaler Spannungsfall zwischen Hauseinführung und Verbrauchsmittel bzw. 3 % in DIN 18015-1:2020-05 zwischen Messeinrichtung und Verbrauchsmittel beziehen sich lediglich **auf Wohnungen** oder ähnlich genutzte Bereiche.

In DIN VDE 0100-520:2023-06 werden Spannungsfälle in Abhängigkeit vom Anschlusspunkt und vom Verbrauchsmittel in der Industrie empfohlen und für alle

Steckdosen-, Beleuchtungsstromkreise und andere Verbraucher in der Industrie als auch im Wohnungsbau verwendet werden.

In diesem Kapitel sind die Grundlagen der Spannungsfallberechnung beschrieben und an Beispiele aus der Praxis aufgezeigt worden. Für die Berechnung des Spannungsfalls gibt es unterschiedliche Gleichungen und Vorgehensweise. Im Allgemeinen wird die Energieeinspeisung aus der Hochspannung über den Transformator in die Niederspannung oder nur eine Einspeisung, z. B. Hausanschlusskasten, durch den Netzbetreiber ermöglicht.

Für die richtige Auslegung, Berechnung und Dimensionierung der elektrischen Anlagen benötigt der Planer, Errichter und Betreiber eine intelligente Software und Messgeräte, damit er z. B. die Vorimpedanzen oder alle möglichen Kurzschlussströme am relevanten Knotenpunkt messen kann. Damit erreicht man die höchste Sicherheit, was die Daten betrifft. Annahmen führen öfters zu falschen Ergebnissen.

Es wurden unterschiedliche Beispiele berechnet und die mit namhafter Software validiert. Es zeigt sich, dass die größeren Leistungsfaktoren bei 50 Hz bei kleineren Leitungsquerschnitten bessere Ergebnisse liefern. Die induktiven Widerstandsbeläge spielen fast keine Rolle. In Richtung des Transformators erhöhen sich diese Werte. Eine andere Vorgehensweise für die Berechnung des Spannungsfalls ist die Verwendung der Kabeldaten (R- und X-Angaben).

Mit dem Bemessungsstrom der Schutzeinrichtung und des Impedanzwinkels kann der Spannungsfall berechnet werden, ohne dass man den Leistungsfaktor und den Betriebsstrom des Verbrauchers berücksichtigt. Bei den Steckdosenstromkreisen (Endstromkreisen) ist der Betriebsstrom des Verbrauchers oft nicht bekannt. Daher kann der Bemessungsstrom der Schutzeinrichtung für die Berechnung herangezogen werden.

Die Normen können nicht vorschreiben wie die Planer ihre Projekte berechnen sollen, sie können nur Empfehlungen aussprechen und welche Grenzwerte einzuhalten sind. Es gibt verschiedene Aussagen und Interpretationen zum Spannungsfall, wie in diesem Teil beschrieben wurde. Jeder Planer einer elektrischen Anlage muss daher selbst für eine Spannungsfallkoordination bestimmen. Um den bestimmungsgemäßen Gebrauch von elektrischen Einrichtungen zu garantieren und spätere Rechtsstreitigkeiten zu vermeiden, ist es entscheidend, dass dieser Punkt explizit in Ausschreibungen und Verträgen mit dem Errichter vereinbart werden [4].

13 Überprüfung der Selektivität

13.1 Einführung

Elektrische Betriebs- und Verbrauchsmittel müssen vor Beanspruchungen durch Kurzschlussströme durch selektive Abschaltung der gestörten Anlage geschützt werden. Selektivität ist in Niederspannungsnetzen nach DIN EN 60947-2 (**VDE 0660-101**):2020-11 „Niederspannungsschaltgeräte – Teil 2: Leistungsschalter“, Anhang A, Abschnitt A.5 „Nachweis der Selektivität“, Abschnitt A.6 „Nachweis des Back-up-Schutzes“; DIN VDE 0100-560, DIN VDE 0100-710 und nach DIN VDE 0100-718 gefordert. In DIN EN 60947-2 (**VDE 0660-101**), DIN EN 60898-1 (**VDE 0641-11**):2020-11 „Elektrisches Installationsmaterial – Leitungsschutzschalter für Hausinstallationen und ähnliche Zwecke“, Abschnitt D.5 „Nachweis der Selektivität“, Abschnitt D.6 „Nachweis des Back-up-Schutzes“ sind die wichtigsten Selektivitätsbedingungen der Schutzeinrichtungen beschrieben.

Eine elektrische Anlage (**Bild 13.1**) ist mit mehreren in Reihe geschalteten Überstromschutzeinrichtungen ausgestattet, wie Sicherungen, Leistungsschalter (MCCB), Leitungsschutzschalter (MCB) und selektiver Hauptleitungsschutzschalter (SHU). Für die Untersuchung der Selektivitätsbedingungen müssen die Zeit-Strom-Kennlinien der Überstromschutzeinrichtungen oder die Schmelzintegrale miteinander verglichen werden.

In DIN VDE 0100-530 wird Selektivität definiert, wenn zwei oder mehrere Schutzeinrichtungen in der Weise koordiniert sind, dass beim Auftreten von Fehlern nur die der Fehlerstelle (hier F1) unmittelbar vorgeschaltete Schutzeinrichtung ausschaltet (Bild 13.1).

Selektivität nach DIN VDE 0100-530 liegt nicht vor, wenn zwei oder mehrere in Reihe geschaltete Überstromschutzeinrichtungen in der Weise koordiniert sind, dass beim Auftreten eines Überstroms die der Fehlerstelle vorgeschaltete Schutzeinrichtung (hier F1) und eine der vorgeschalteten Schutzeinrichtung (hier Q1) dauerhaft abschaltet (Back-up-Schutz).

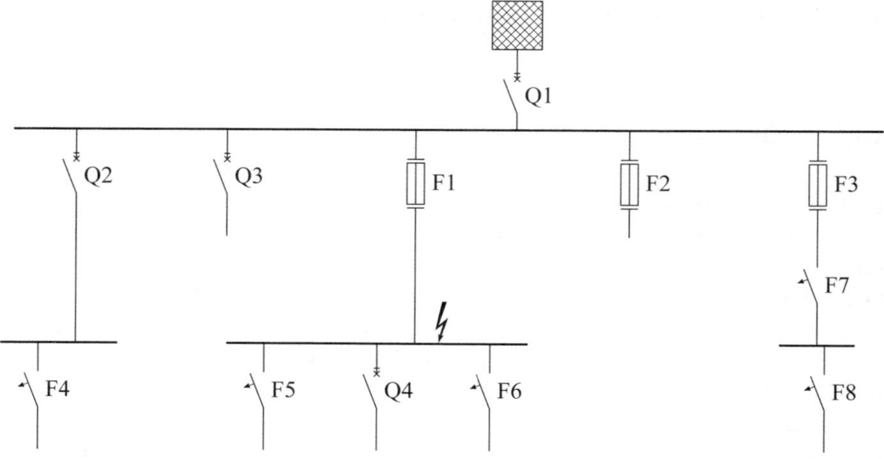

Bild 13.1 Schaltplan

13.2 Begriffe

Für das Verständnis der Selektivität werden zuerst die wichtigsten Begriffe definiert (IEC 60947).

Hierbei unterscheidet man:

1. Totale Selektivität (bei Schutzeinrichtungen):

Überstromselektivität von zwei Überstromschutzeinrichtungen in Reihe, wobei die Schutzeinrichtung auf der Lastseite den Schutz bis zu ihrem (Grenz-) Kurzschlussausschaltvermögen übernimmt, ohne dass die andere Schutzeinrichtung wirksam wird.

$$I_{\mathrm{sel}} \geq I_{\mathrm{cu}} \tag{13.1}$$

2. Volle Selektivität (in Anlagen):

Überstromselektivität von zwei Überstromschutzeinrichtungen in Reihe, wobei die Schutzeinrichtung auf der Lastseite den Schutz bis zum max. am Einbauort auftretenden Kurzschlussstrom übernimmt, ohne dass die andere Schutzeinrichtung wirksam wird.

$$I_{\mathrm{sel}} \geq I''_{\mathrm{k\,max}} \tag{13.2}$$

3. Teilselektivität (in Anlagen):

Überstromselektivität von zwei Überstromschutzeinrichtungen in Reihe, wobei bis zu einem Kurzschlussstrom, der kleiner ist als der am Einbauort auftretenden Kurzschlussstrom, die Schutzeinrichtung auf der Lastseite den Schutz übernimmt, ohne dass die andere Schutzeinrichtung wirksam wird.

$$I_{\mathrm{sel}} < I''_{\mathrm{k\,max}} \tag{13.3}$$

Mit:

I_{cu} Bemessungs-Grenzkurzschlussausschaltstrom,

$I_{\mathrm{k\,max}}$ max. Kurzschlussstrom,

I_{sel} Selektivitätsgrenze bzw. Übernahmestrom

13.3 Nachweis der Selektivität durch Kennlinien

Die verschiedenen Selektivitätstechniken, Einstellparameter und ihr Anwendungsbereiche werden in diesem Abschnitt beschrieben [7], [8]. Im Überlastbereich wird mit den Schutzeinrichtungen in der Regel eine Selektivität vom Zeit-Strom-Typ realisiert.

Im Kurzschlussbereich kann man mit den Schutzeinrichtungen unterschiedliche Verfahren angewandt werden:

1. Stromselektivität,
2. Zeitselektivität,
3. Energieselektivität,
4. Zonenselektivität.

Bei der Parametereinstellung müssen die Toleranzen der Ansprechströme und der Verzögerungszeiten berücksichtigt werden:

- Toleranzen für die Einstellungen I_{r}, I_{sd}, I_{i}: ±10 %,
- Toleranzen für die Verzögerungszeiten t_{r}, t_{sd}: ±10 %.

Staffelzeiten ergeben sich aus folgenden Zeiten:

- Zeit, bis ein Fehler in der Energieverteilung erkannt wird,
- Zeit, bis Kontakte des Leistungsschalters vollständig geöffnet sind.

Die Staffelzeit zwischen zwei Leistungsschaltern kann deswegen 70 ms bis 100 ms betragen [8]. Bei der zeitverkürzten Selektivitätssteuerung (Zonenselektivität) werden die Schutzeinrichtungen über separate Signalleitungen miteinander verbunden. Für die Kommunikation gibt es zwei Systeme, die sich durch den Kommunikationsweg unterscheiden:

- Zentrales System: Die Kommunikation der Leistungsschalter erfolgt über eine zentrale Überwachungs- und Steuereinheit.
- Verteiltes System: Die Kommunikation erfolgt direkt von Leistungsschalter zu Leistungsschalter.

Das verteilte System wird in der Niederspannung eingesetzt und ermöglicht deutlich kürzere Auslösezeiten als das zentrale System. Wenn an einem Leistungsschalter ein Kurzschlussstrom und/oder ein Erdschlussstrom auftritt, geschieht Folgendes:

- Der Leistungsschalter sendet ein Sperrsignal an den vorgeordneten Leistungsschalter.
- Gleichzeitig prüft der Leistungsschalter, ob ein nachgeordneter Leistungsschalter ein Sperrsignal sendet.
- Wenn der Leistungsschalter ein Sperrsignal erhält, wird er bis zur eingestellten Verzögerungszeit t_{sd} verzögert.
- Wenn der Leistungsschalter kein Sperrsignal erhält, löst er aus.

Bild 13.2 zeigt Zeit-Strom-Kennlinien von einer Sicherung und von Leistungsschaltern mit den jeweiligen Auslösern. Für den Nachweis der Selektivität im Überstrombereich sind zwei Bereiche getrennt voneinander zu betrachten:

- **Bereich 1**: Selektivität im Überlastbereich (Bild 13.2). Die Überlast ist größer als der Bemessungsstrom und entsteht im fehlerfreien Betriebszustand. Hohe Belastung eines Motors oder gleichzeitige Benutzung mehrerer Betriebsmittel kann zu einer Überlastung des Kabels oder der Leitung führen. Die Auslösekennlinie des lastseitigen Schutzgerätes mit seinem oberen Toleranzband darf die Auslösekennlinie des einspeiseseitigen Schutzgerätes mit seinem unteren Toleranzband nicht schneiden. In diesem Bereich löst der thermische Auslöser des Leistungsschalters mit der Schutzfunktion L aus.
- **Bereich 2**: Selektivität im Kurzschlussbereich (Bild 13.2). Kurzschluss als zufällige oder beabsichtigte leitfähige Verbindung zwischen zwei oder mehr leitfähigen Teilen (z. B. dreipoliger Kurzschluss), durch die die elektrischen Potentialdifferenzen zwischen diesen leitfähigen Teilen zu null oder nahezu zu null erzwungen werden.

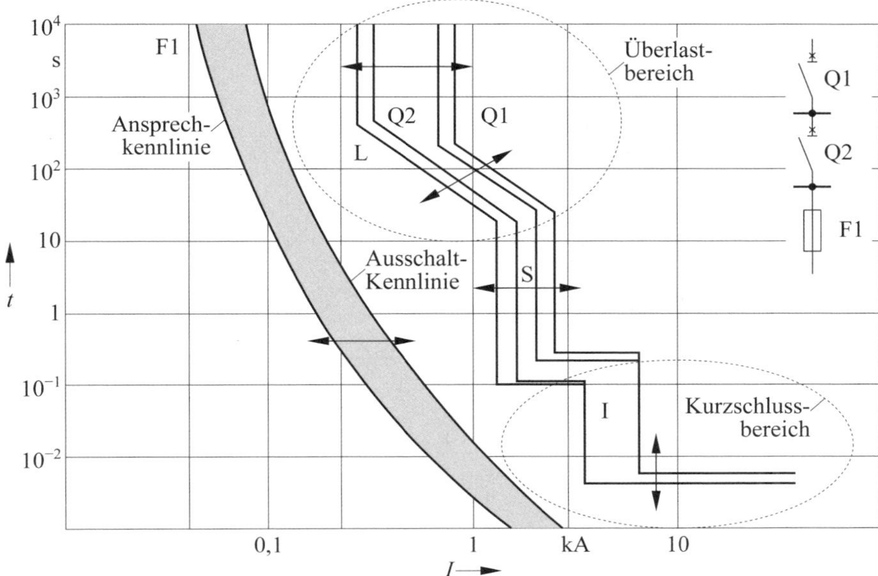

Bild 13.2 Überlast- und Kurzschlussbereich

Im Bereich der unverzögerten Kurzschlussauslösung des nachgeordneten Gerätes kann eine Selektivitätsbetrachtung mittels Strom-Zeitkennlinienvergleichs nur durchgeführt werden, wenn das einspeiseseitige Schutzgerät bis zum max. unbeeinflussten Fehlerstrom am lastseitigen Gerät eine zeitverzögerte Überstromauslösung besitzt. Ansonsten hängt die Selektivität vom dynamischen (zeitlichen) Verhalten, wie z. B. den Durchlass- und Ansprechströmen, den Durchlass- und Ansprechenergien, dem Verhalten der Schutzgeräte etc., ab.

Die Selektivitätswerte von Gerätekombinationen werden durch die Gerätehersteller mittels Tests oder aufwendigen Simulationsprogrammen bestimmt und veröffentlicht bzw. sind dort zu erfragen. In diesem Bereich löst der magnetische Auslöser des Leistungsschalters mit der Schutzfunktion S und I aus.

Weitere Begriffe werden mithilfe der Koordination zwischen Sicherungen und MCB bzw. MCCB Definition nach DIN EN 60898-1 (**VDE 0641-11**) bzw. DIN EN 60947-2 (**VDE 0660-101**) erklärt (**Bild 13.3**) [1], [3].

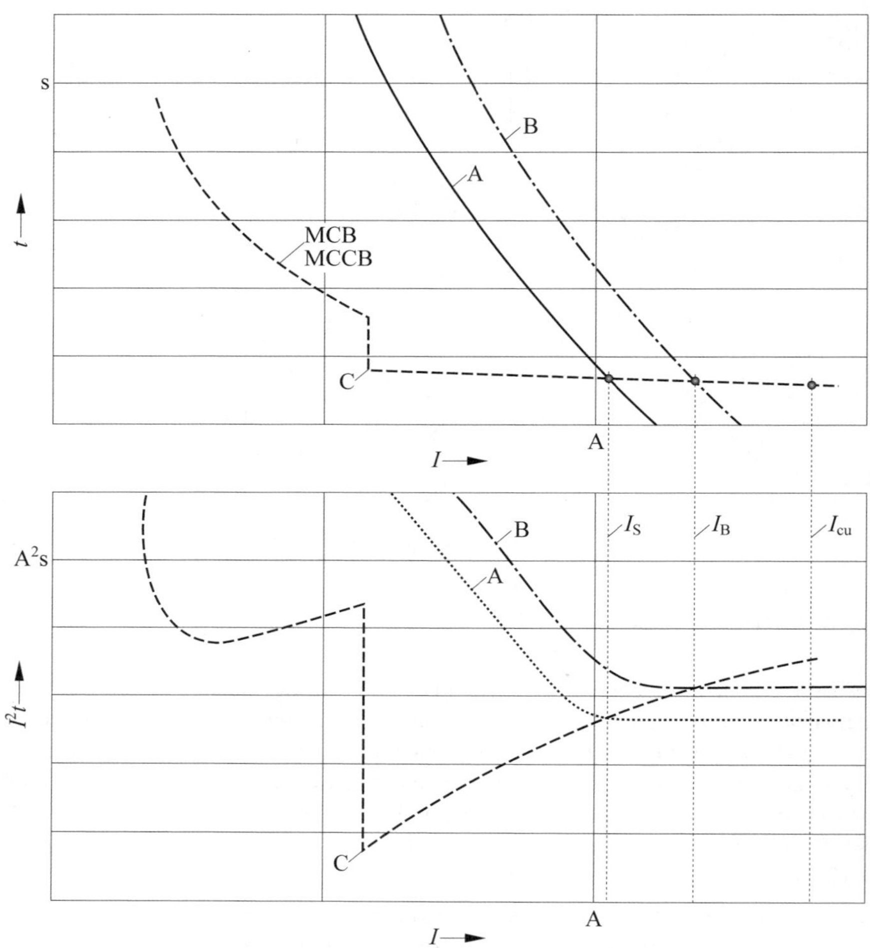

Bild 13.3 Grenzstrom bei Selektivität

13.4 Grenzstrom bei Selektivität

Der Schnittpunkt der Durchlasskennlinie des nachgeschalteten MCB bzw. MCCB mit der Ansprech- bzw. Schmelzkennlinie der vorgeschalteten Sicherung ergibt den Grenzstrom bei Selektivität I_S bzw. I_{Sel} Übernahmestrom Back-up Schutz:

Der Schnittpunkt der Durchlasskennlinie des nachgeschalteten MCB bzw. MCCB mit der Auslöse- bzw. Durchlasskennlinie der vorgeschalteten Sicherung ergibt den Übernahmestrom Back-up Schutz I_B.

Es bedeuten:

A Ansprechkennlinie der vorgeordneten Sicherung (Schmelzkennlinie untere Toleranz),

B Ausschaltkennlinie der vorgeordneten Sicherung (Durchlasskennlinie obere Toleranz),

C Ausschaltkennlinie des nachgeordneten Leistungsschalters MCB oder MCCB (Durchlasskennlinie obere Toleranz),

I_B Übernahmestrom Back-up Schutz,

I_{cu} Bemessungs-Grenzkurzschlussausschaltvermögen,

I_k unbeeinflusster Kurzschlussstrom,

U_S Grenzstrom bei Selektivität,

13.5 Diskussion der Selektivität mit unterschiedlichen Überstromschutzeinrichtungen

Einspeise- und lastseitig Leistungsschalter (Q1-Q2, Bild 13.1)

Selektivität ist bis zu dem Kurzschlussstrom gegeben, bei dem der Durchlassstrom (Spitzenwert) des lastseitigen Leistungsschalters den entsprechenden Ansprechwert (untere Toleranz) des unverzögerten Kurzschlussauslösers des einspeiseseitigen Leistungsschalters (Ii) nicht überschreitet.

Einspeiseseitig Leistungsschalter, lastseitig Sicherung (Q1-F1, Q1-F2 oder Q1-F3, Bild 13.1)

Selektivität ist bis zu dem Kurzschlussstrom gegeben, bei dem der Durchlassstrom (Spitzenwert) der lastseitigen Sicherung den entsprechenden Ansprechwert (untere Toleranz) des unverzögerten Kurzschlussauslösers des einspeiseseitigen Leistungsschalters (Ii) nicht überschreitet.

Einspeiseseitig Sicherung, lastseitig Leistungsschalter (F1-Q4, Bild 13.1)

Selektivität ist bis zu dem Kurzschlussstrom gegeben, bei dem die Durchlassenergie des lastseitigen Leistungsschalters (Leitungsschutzschalter) die Ansprechenergie (Schmelzenergie) der einspeiseseitigen Sicherung nicht überschreitet.

Einspeise- und lastseitig Sicherung (F1-F6, Bild 13.1)

Selektivität ist bis zu dem Kurzschlussstrom gegeben, bei dem die Durchlassenergie (Abschaltenergie) der lastseitigen Sicherung die Ansprechenergie (Schmelzenergie) der einspeiseseitigen Sicherung nicht überschreitet.

Nach DIN EN 60269-1 (**VDE 0636-1**):2010-03 ist dies bei Sicherungen der Betriebsklasse gG für Bemessungsströme = 16 A mit einem Verhältnis der Bemessungsströme von mindestens 1,6 : 1 sichergestellt.

Bei zwei Leitungsschutzschaltern (LS-Schalter) in Reihe besteht Selektivität im Allgemeinen bis zum Ansprechwert des Kurzschlussauslösers des vorgeschalteten LS-Schalters. Diese Grenze liegt deutlich unterhalb der in den Anlagen üblichen Kurzschlussströme und Selektivität kaum durchführbar.

13.6 Selektivität zwischen MCB, SH und Sicherungen

Die Kombination (hier F4-F9-F11) ist heute Stand der Technik und wird ab dem Hausanschlusskasten praktiziert. Das Funktionsprinzip von selektiven Hauptleitungsschutzschaltern (SH-Schaltern) ermöglicht ein besonderes Selektivverhalten, die sogenannte strombegrenzende Selektivität oder Energieselektivität. SH-Schalter sind gegenüber nachgeschalteten Leitungsschutzschaltern bei Kurzschlüssen in Endstromkreisen vollständig selektiv, nur der unmittelbar zugeordnete Leitungsschutzschalter schaltet ab. Bei diesem Abschaltvorgang erfolgt eine zusätzliche Strombegrenzung durch den SH-Schalter.

Leitungsschutzschalter für den Schutz von Endstromkreisen mit der Auslösecharakteristik B oder C nach DIN EN 60898-1 (**VDE 0641-11**) mit der Energiebegrenzungsklasse 3 und einem Bemessungsschaltvermögen von 6 kA oder 10 kA sind bis zu 10 kA selektiv, wenn einspeiseseitig ein SH-Schalter verwendet wird. Die Kurzschlussselektivität ist dabei unabhängig vom Bemessungsstrom des SH-Schalters. Durch das Selektivitätsverhalten des SH-Schalters ergibt sich in diesem Fall gegenüber mit einer Einspeisesicherung gG 63 A eine Selektivität von bis zu 6 kA [9], [10]. **Bild 13.4** zeigt beispielhaft Selektivitätskennlinien von Sicherungen (NH00 63 A-gG), selektiven Hauptleitungsschutzschaltern (SHU-40 A) und Leitungsschutzschaltern (MCB 16 A-B). Die Selektivitätsgrenzen und alle anderen Angaben müssen bei Herstellern erfragt werden.

Selektivitätsgrenzen liegen bei der Kombination von [1], [9]:

1. MCB 16 A-B und NH00/63 A > 1,8 kA bis 2,4 kA
2. MCB 16 A-B und SHU 40 A-NH00 63 A > 5 kA bis 6 kA
3. MCB 16 A-B und SHU 40 A > 6 kA bis 25 kA

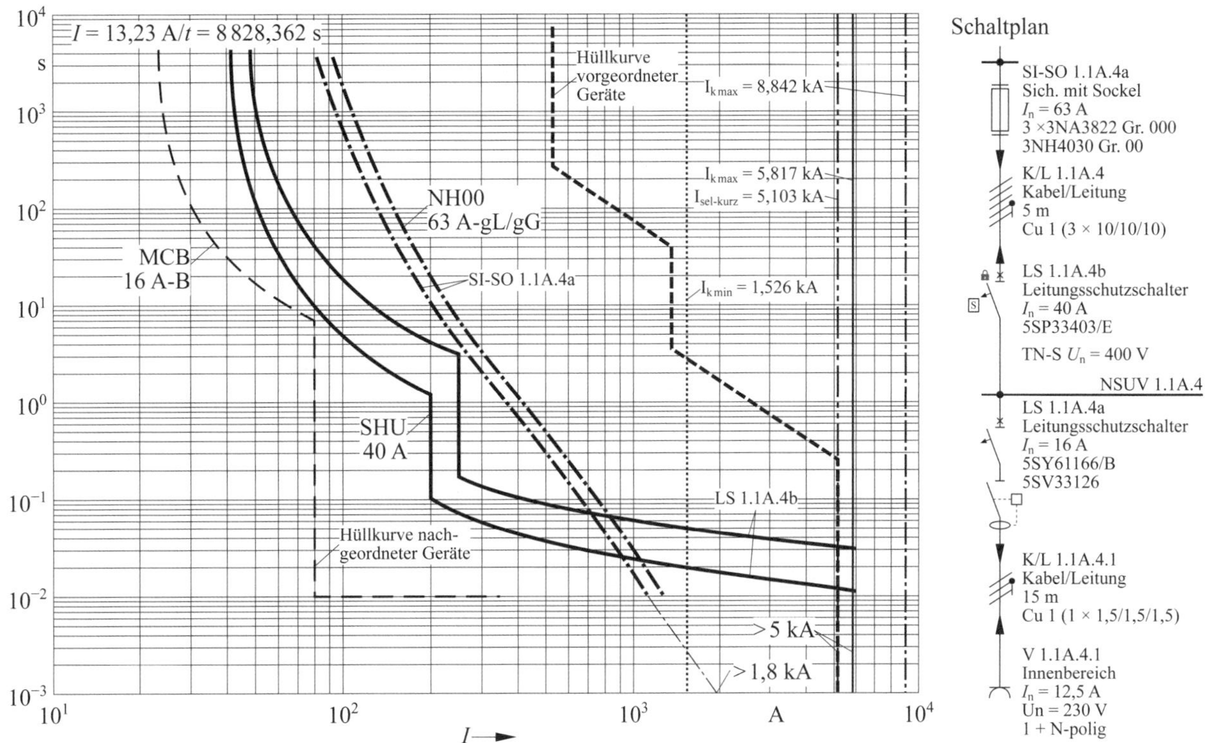

Bild 13.4 Selektivität zwischen MCB, SH und Sicherungen

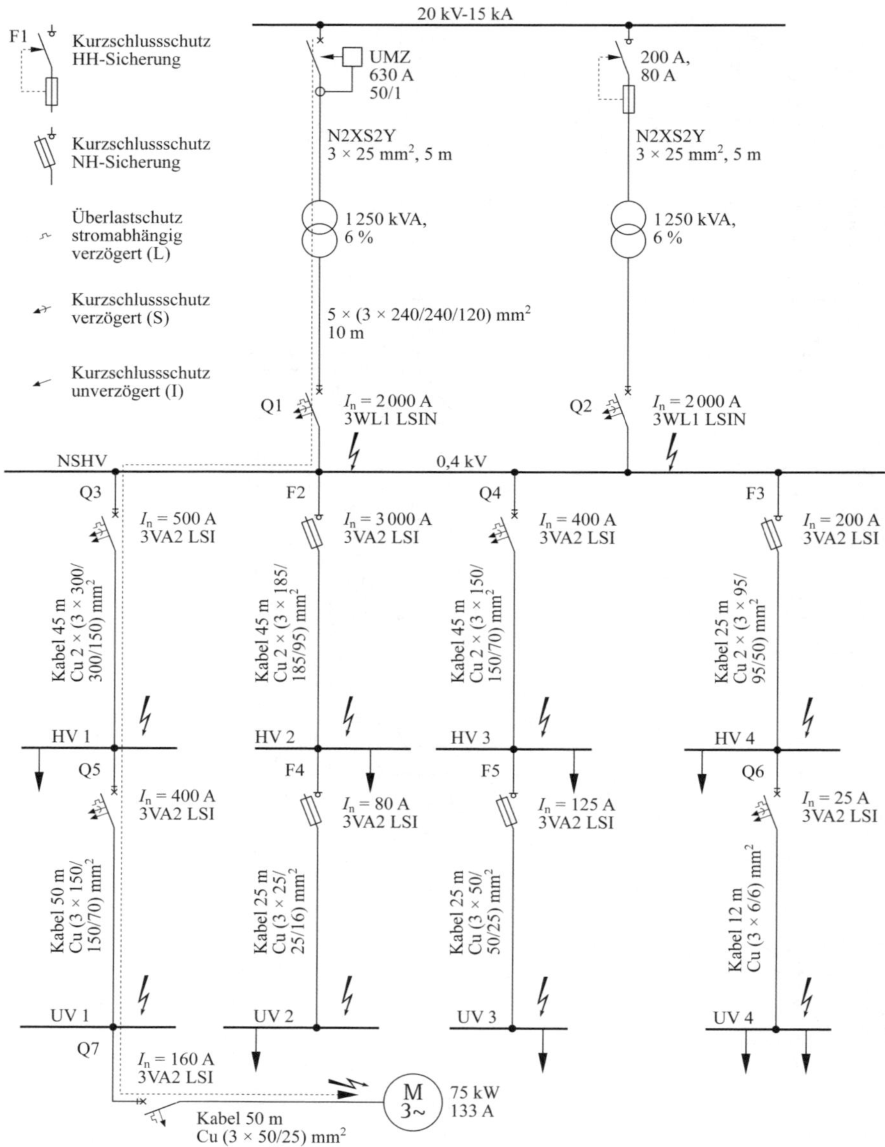

Bild 13.5 Schaltplan

13.7 Beispiel zur Selektivität

Zum Schluss wird ein Niederspannungs-Strahlennetz (**Bild 13.5**) mit Simaris berechnet, dimensioniert und parametriert. Das Netz ist mit Leistungsschaltern und Sicherungen aufgebaut. Die Einspeise- und Lastschutzeinrichtungen sind vertauscht eingesetzt, um die Selektivität zwischen den unterschiedlichen Geräte-Kennlinien beurteilen zu können.

Die Wahl der Schutzeinrichtungen erfolgt im Wesentlichen mit Bezug auf die Bemessungsströme der Lasten und den Kurzschlussstrom an der Sammelschiene, zusätzlich durch die Koordinationstabellen für die Selektivität.

Bild 13.7 zeigt den Staffelweg F1-Q1-Q3. Schutzeinstellungen und Kurzschlussströme sind in dem Bild dargestellt. Ebenfalls zeigt das **Bild 13.6** den Staffelweg Q5-Q7. Schutzeinstellungen und Kurzschlussströme sind auf dem Bild dargestellt.

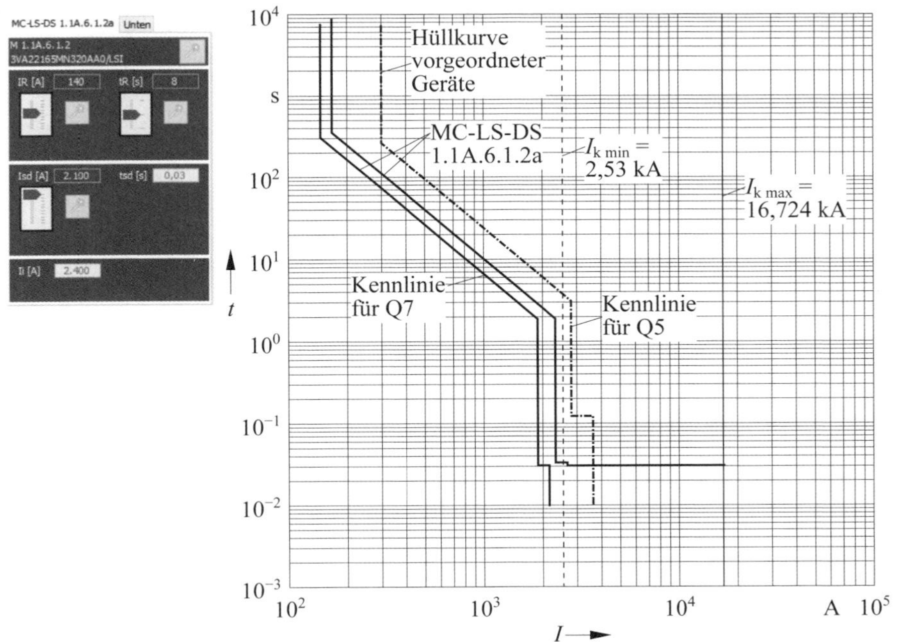

Bild 13.6 Selektivitätskennlinien für Q5-Q7

Auf der Primärseite des Verteilungstransformators werden entweder Hochspannung-Hochleistungssicherungen (HH-Sicherungen) in Verbindung mit Lasttrennschalter oder ab 630 kVA, je nachdem was der Netzbetreiber verlangt, UMZ-Schutz eingesetzt.

Für die Bemessung der HH-Sicherung sind die Angaben des Herstellers nach DIN VDE 0670-402 zu beachten. Besonders sind der Einschaltstrom des Transformators und der kleinste Ausschaltstrom maßgebend.

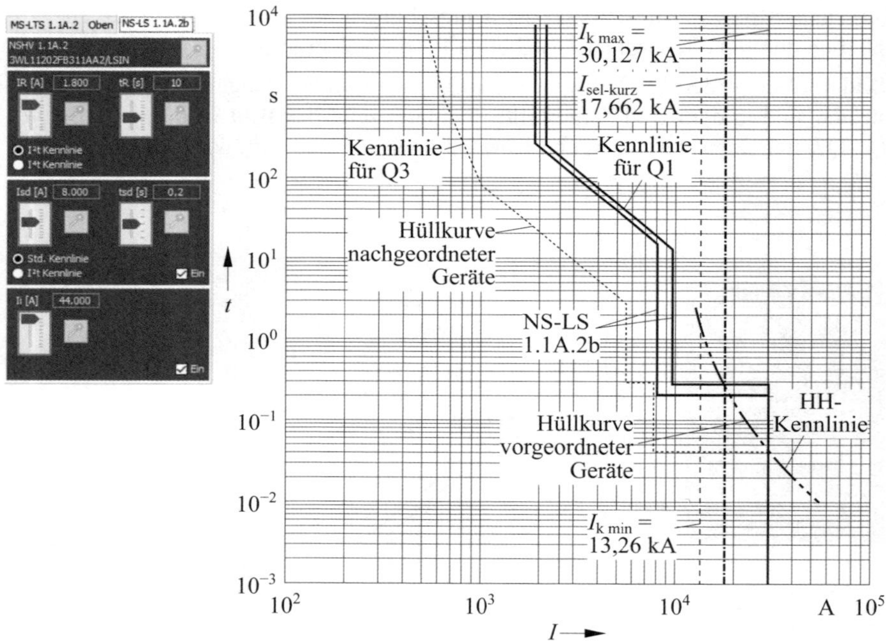

Bild 13.7 Selektivitätskennlinien für Q1

In **Bild 13.8** ist die Selektivitätskennlinie für UMZ-Q1 und in **Bild 13.9** sind die Einstellwerte beispielhaft für UMZ mit Leistungsschalter und 160 MCCB für Motorschutz dargestellt. Weitere Planungsgrundlagen werden in [8] und [11] ausführlich behandelt.

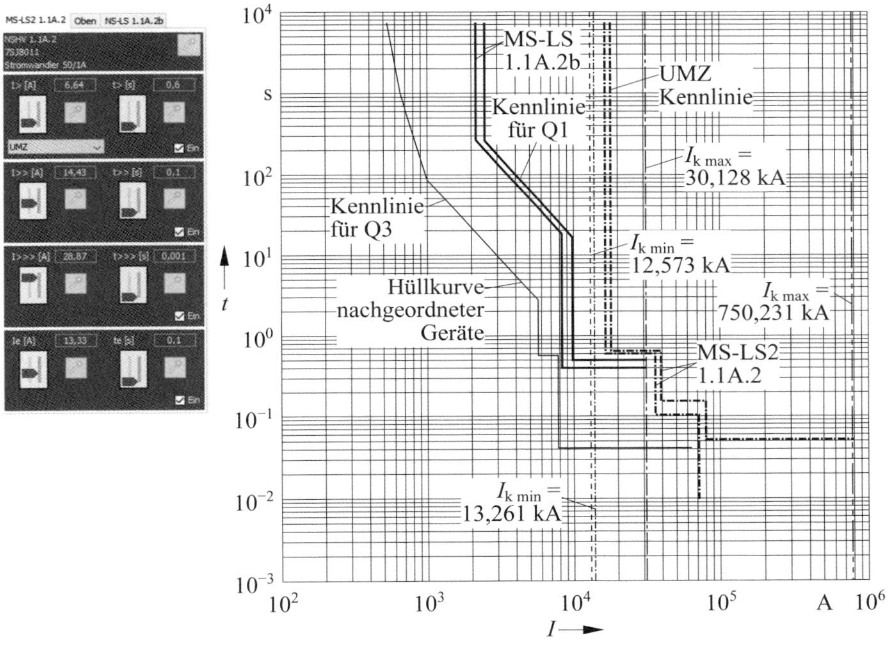

Bild 13.8 Selektivitätskennlinien für UMZ-Q1

Einstellwerte für UMZ

Mittelspannung [kV]: 20

Niederspannung [V]: 400

Wandlerübersetzungsverhältnis: 50

☑ Ein UMZ

I> [A] 2 t> [s] 2,5

☑ Ein

I>> [A] 9 t>> [s] 0,2

☑ Ein

Ie [A] 6,2 te [s] 3,6

Einstellwerte für MCCB 160A

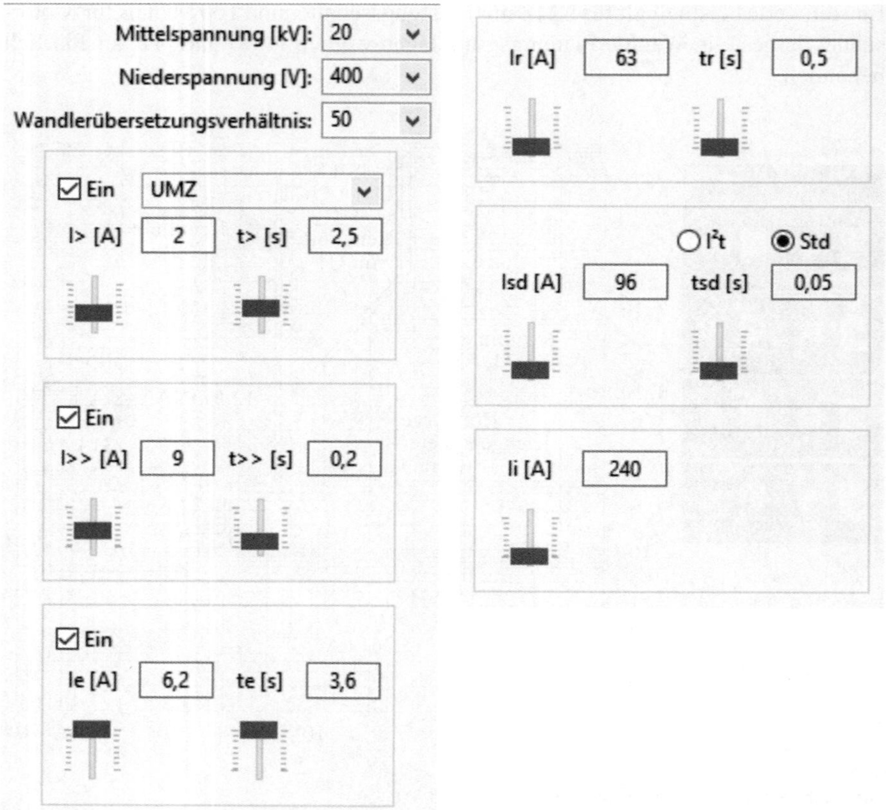

Ir [A] 63 tr [s] 0,5

○ I²t ◉ Std

Isd [A] 96 tsd [s] 0,05

Ii [A] 240

Bild 13.9 Einstellwerte für UMZ und 160 A Motorschutz

13.8 Zusammenfassung

Fehler in elektrischen Anlagen müssen erfasst und gestörte Teile selektiv sofort abgeschaltet werden, um die Auswirkungen klein zu halten. Die Betrachtung der Schutzkoordination und der Selektivität ist sehr komplex und von großer Bedeutung.

Der Bemessungsstrom der Last und Kurzschlussströme bestimmen die Auswahl der Schutzeinrichtungen. Das Konzept und der Typ der Schutzeinrichtung können vom Planer gewählt werden.

Zuerst müssen die erforderlichen Daten der Anlage beschaffen werden. Andererseits müssen die Normen und Vorschriften bekannt sein. Mit einem geeigneten Softwareprogramm können dann die wichtigsten Kurzschlussgrößen I''_{k3} und $I''_{k1\,min}$ berechnet und Selektivitätsbetrachtungen vorgenommen werden. In der Praxis kommen häufig Kombinationen mit vorgeschalteter Sicherung zu nachgeschaltetem Leistungsschalter (MCCB) oder Leitungsschutzschalter MCB, wie in DIN EN 60947-2 (**VDE 0660-101**):2020-11, Bild A.1 behandelt, vor.

Wenn in einer Anlage die Kurzschlussströme an den vor- und nachgeschalteten Leistungsschalter annähernd gleich sind, dann kann die Zeitselektivität angewendet werden. Die Verzögerungszeit muss so ausgewählt werden, dass ein nachgeschalteter Leistungsschalter die erforderliche Zeit hat, allein abzuschalten (Herstellerangaben beachten). Stromselektivität kann durch Staffelung der unverzögerten Kurzschlussauslöser mit ±20 Toleranz durchgeführt werden. Dynamische/Energieselektivität kann auch durch Betrachtung der Durchlassenergie in Betracht kommen.

Wird für den Selektivitätsnachweis auf die Tabellen zurückgegriffen, müssen vom gleichen Hersteller und die Kombination Schutzeinrichtungen in den Tabellen aufgeführt sein [9], [10].

14 Betriebsmitteldaten und Tabellen

In diesem Kapitel sind die wichtigsten Daten von Kabeln und Leitungen, Tabellen für Grenzlängen und Spannungsfälle zusammengestellt [12]. Alle anderen Daten können Tabellen in DIN VDE 0100 Beiblatt 5:2021-06 entnommen werden.

14.1 Grenzlängen für Fehlerschutz und Schutz bei Kurzschluss von Schmelzsicherungen der Betriebsklasse gG

- Mehrleiterkabel mit Kupferleiter und Isolierung PVC oder Gummi,
- Schmelzsicherung Betriebsklasse gG nach DIN EN 60269-1 (**VDE 0636-1**),
- Fehlerschutz durch automatische Abschaltung $t_a \leq 5$ s,
- Schutz bei Kurzschluss $t_a \leq 5$ s.

S in mm²	**I_n in A**	**I_{kerf} in A**	**t_a in s**	**ϑ_a in °C**	**ϑ_e in °C**	**Schleifenimpedanz vor der Schutzeinrichtung des betrachteten Stromkreises in mΩ**								
						10	**50**	**100**	**200**	**300**	**400**	**500**	**600**	**700**
						Maximale Kabel- bzw. Leitungslänge l_{max} in m								
1,5	6	27	5,0	70	80	256	255	253	250	247	244	241	238	235
1,5	10	47	5,0	70	101	137	136	135	132	129	126	124	121	118
1,5	16	65	5,0	70	132	91	90	88	86	83	81	78	75	73
2,5	16	65	5,0	70	91	167	165	163	158	153	149	144	139	134
2,5	20	87	5,0	70	108	118	116	114	110	105	101	96	91	87

Tabelle 14.1 Zulässige Grenzlängen im TN-System

- Mehrleiterkabel mit Kupferleiter und Isolierung PVC oder Gummi,
- Schmelzsicherung Betriebsklasse gG nach DIN EN 60269-1 (**VDE 0636-1**),
- Fehlerschutz durch automatische Abschaltung $t_a \leq 0{,}4$ s,
- Schutz bei Kurzschluss $t_a \leq 5$ s.

S in mm²	**I_n in A**	**I_{kerf} in A**	**t_a in s**	**ϑ_a in °C**	**ϑ_e in °C**	**Schleifenimpedanz vor der Schutzeinrichtung des betrachteten Stromkreises in mΩ**								
						10	**50**	**100**	**200**	**300**	**400**	**500**	**600**	**700**
						Maximale Kabel- bzw. Leitungslänge l_{max} in m								
1,5	6	47	0,4	70	72	150	149	148	145	141	138	135	132	129
1,5	10	82	0,4	70	77	84	83	82	79	76	73	69	66	63
1,5	16	109	0,4	70	83	62	61	60	57	54	50	47	44	41
1,5	20	148	0,4	70	94	44	43	41	39	36	33	30	26	23
2,5	16	109	0,4	70	75	105	103	100	95	90	85	80	75	69
2,5	20	148	0,4	70	78	76	74	71	66	61	56	51	46	40
2,5	25	180	0,4	70	83	61	59	57	52	47	42	37	31	26
4	25	180	0,4	70	75	101	98	94	86	78	69	61	52	43
4	35	270	0,4	70	81	66	63	59	51	42	34	25	16	6
4	40	315	0,4	70	85	55	52	48	40	32	23	14	5	

Tabelle 14.2 Zulässige Grenzlängen im TN-System

14.2 Grenzlängen für Fehlerschutz und Schutz bei Kurzschluss von Leitungsschutzschaltern der Charakteristik B

- Mehrleiterkabel mit Kupferleiter 1,5 mm² bis 16 mm² und Isolierung PVC oder Gummi,
- Leitungsschutzschalter, Charakteristik B nach DIN EN 60898-1/-2 (**VDE 0641-11/-12**),
- Fehlerschutz durch automatische Abschaltung $t_a \leq 0{,}1$ s (gleich bis 5 s),
- Schutz bei Kurzschluss $t_a \leq 0{,}1$ s (gleich bis 5 s).

S in mm²	I_n in A	I_{kerf} in A	t_a in s	ϑ_a in °C	ϑ_e in °C	Schleifenimpedanz vor der Schutzeinrichtung des betrachteten Stromkreises in mΩ								
						10	50	100	200	300	400	500	600	700
						Maximale Kabel- bzw. Leitungslänge l_{max} in m								
1,5	6	30	0,1	70	70	238	236	235	232	229	226	223	219	216
1,5	10	50	0,1	70	71	142	141	139	136	133	130	127	124	121
1,5	16	80	0,1	70	72	88	87	85	82	79	76	73	70	67
1,5	20	100	0,1	70	73	70	69	67	64	61	58	55	52	48
2,5	16	80	0,1	70	71	145	143	140	135	130	125	120	115	109
2,5	20	100	0,1	70	71	115	114	111	106	101	96	90	85	80
2,5	25	125	0,1	70	71	92	90	88	82	77	72	67	61	56
4	20	100	0,1	70	70	186	183	179	171	163	154	146	137	129
4	25	125	0,1	70	71	149	145	141	133	125	116	108	99	91

Tabelle 14.3 Zulässige Grenzlängen im TN-System

14.3 Grenzlängen für Fehlerschutz und Schutz bei Kurzschluss von Leitungsschutzschaltern der Charakteristik C

- Mehrleiterkabel mit Kupferleiter 1,5 mm^2 bis 16 mm^2 und Isolierung PVC oder Gummi,
- Leitungsschutzschalter, Charakteristik C nach DIN EN 60898-1/-2 (**VDE 0641-11/-12**),
- Fehlerschutz durch automatische Abschaltung $t_a \leq 0,1$ s (gleich bis 5 s),
- Schutz bei Kurzschluss $t_a \leq 0,1$ s (gleich bis 5 s).

S in mm^2	I_n in A	I_{kerf} in A	t_a in s	ϑ_a in °C	ϑ_e in °C	Schleifenimpedanz vor der Schutzeinrichtung des betrachteten Stromkreises in mΩ								
						10	50	100	200	300	400	500	600	700
						Maximale Kabel- bzw. Leitungslänge l_{max} in m								
1,5	10	100	0,1	70	73	70	69	67	64	61	58	55	52	48
1,5	16	160	0,1	70	77	43	42	40	37	34	31	28	24	21
1,5	20	200	0,1	70	81	34	33	31	28	25	22	18	15	12
2,5	16	160	0,1	70	72	71	69	67	62	57	51	46	41	35
2,5	20	200	0,1	70	74	57	55	52	47	42	37	31	26	20
2,5	25	250	0,1	70	76	45	43	40	35	30	25	19	13	7
4	20	200	0,1	70	71	92	89	85	77	68	59	51	42	32
4	25	250	0,1	70	72	73	70	66	58	49	40	31	22	12

Tabelle 14.4 Zulässige Grenzlängen im TN-System

14.4 Maximal zulässige Kabel- und Leitungslängen bei einem Spannungsfall von 3 %

- Kupferleiter Leitertemperatur: 70 °C,
- Kabel/Leitungen mit Kupferleiter bei fester Verlegung in und an Gebäuden und Kabel bei Verlegung in Erde, z. B. Kabel NYY nach DIN VDE 0276-603, Mantelleitungen NYM nach DIN VDE 0250-204, Stegleitungen nach DIN VDE 0250-201 und Aderleitungen nach DIN VDE 0278 bei gemeinsamer Verlegung aller Leiter eines Stromkreises,

- Umgebungstemperatur 30 °C,
- Drehstromkreise, Nennspannung der Anlage 400 V, 50 Hz,
- für Einphasen-Wechselstromkreise sind die Längen mit dem Faktor 0,5 zu multiplizieren.

Querschnitt in mm²	**Betriebsstrom in A**							
	6	**10**	**16**	**20**	**25**	**32**	**40**	**50**
	Maximale Kabel- bzw. Leitungslänge l_{max} in m							
1,5	80	48	30	24				
2,5	130	78	48	39	31			
4	210	126	78	63	50	39		
6		188	117	94	75	58	47	
10			197	157	126	98	78	63
16				251	201	157	125	100
25						247	198	158
35						342	273	219

Tabelle 14.5 Zulässige Grenzlängen im TN-System

Faktoren für andere Spannungsfälle als 3 % kann **Tabelle 14.6** eingesetzt werden.

Δu in %	**f_1**	**ϑ in °C**	**f_2**
1	0,33	70	1,00
1,5	0,50	60	1,03
2	0,67	50	1,07
3	1,00	40	1,11
4	1,33	30	1,15
5	1,67	20	1,20
6	2,00		
7	2,33		
8	2,67		

Tabelle 14.6 Faktoren für andere Spannungsfälle als 3 %

15 Normen

DIN 18015-1:2020-05 Elektrische Anlagen in Wohngebäuden – Teil 1: Planungsgrundlagen. Berlin: Beuth

DIN EN 50588-1:2019-12 Mittelleistungstransformatoren 50 Hz, mit einer höchsten Spannung für Betriebsmittel nicht über 36 kV – Teil 1: Allgemeine Anforderungen. Berlin: Beuth

DIN VDE 0100-100 (**VDE 0100-100**):2009-06 Errichten von Niederspannungsanlagen – Teil 1: Allgemeine Grundsätze, Bestimmungen allgemeiner Merkmale, Begriffe. Berlin · Offenbach: VDE VERLAG

DIN VDE 0100-200 (**VDE 0100-200**):2023-06 Errichten von Niederspannungsanlagen – Teil 200: Begriffe. Berlin · Offenbach: VDE VERLAG

DIN VDE 0100-410 (**VDE 0100-410**):2018-10 Errichten von Niederspannungsanlagen – Teil 4-41: Schutzmaßnahmen – Schutz gegen elektrischen Schlag. Berlin · Offenbach: VDE VERLAG

DIN VDE 0100-420 (**VDE 0100-420**):2022-06 Errichten von Niederspannungsanlagen – Teil 4-42: Schutzmaßnahmen – Schutz gegen thermische Auswirkungen. Berlin · Offenbach: VDE VERLAG

DIN VDE 0100-430 (**VDE 0100-430**):2010-10 Errichten von Niederspannungsanlagen – Teil 4-43: Schutzmaßnahmen – Schutz bei Überstrom. Berlin · Offenbach: VDE VERLAG

DIN VDE 0100-510 (**VDE 0100-510**):2014-10 Errichten von Niederspannungsanlagen – Teil 5-51: Auswahl und Errichtung elektrischer Betriebsmittel – Allgemeine Bestimmungen. Berlin · Offenbach: VDE VERLAG

DIN VDE 0100-520 (**VDE 0100-520**):2023-06 Errichten von Niederspannungsanlagen – Teil 5-52: Auswahl und Errichtung elektrischer Betriebsmittel – Kabel- und Leitungsanlagen. Berlin · Offenbach: VDE VERLAG

DIN VDE 0100-520 Beiblatt 1 (**VDE 0100-520 Beiblatt 1**):2016-10 Errichten von Niederspannungsanlagen – Teil 5-52: Auswahl und Errichtung elektrischer Betriebsmittel – Kabel und Leitungsanlagen – Beiblatt 1: Erläuterungen zur Anwendung der normativen Anforderungen aus DIN VDE 0100-520 (VDE 0100-520):2013-06. Berlin · Offenbach: VDE VERLAG

DIN VDE 0100-520 Beiblatt 2 (**VDE 0100-520 Beiblatt 2**):2023-10 Errichten von Niederspannungsanlagen – Auswahl und Errichtung elektrischer Betriebsmittel – Teil 520: Kabel- und Leitungsanlagen – Beiblatt 2: Schutz bei Überlast, Auswahl von Überstrom-Schutzeinrichtungen, maximal zulässige Kabel- und Leitungslängen zur Einhaltung des zulässigen Spannungsfalls und der Abschaltzeiten zum Schutz gegen elektrischen Schlag. Berlin · Offenbach: VDE VERLAG

DIN VDE 0100-520 Beiblatt 3 (**VDE 0100-520 Beiblatt 3**):2012-10 Errichten von Niederspannungsanlagen – Auswahl und Errichtung elektrischer Betriebsmittel – Teil 520: Kabel- und Leitungsanlagen – Beiblatt 3: Strombelastbarkeit von Kabeln und Leitungen in 3-phasigen Verteilungsstromkreisen bei Astströmen mit Oberschwingungsanteilen. Berlin · Offenbach: VDE VERLAG

DIN VDE 0100-530 (**VDE 0100-530**):2018-06 Errichten von Niederspannungsanlagen – Teil 530: Auswahl und Errichtung elektrischer Betriebsmittel – Schalt- und Steuergeräte. Berlin · Offenbach: VDE VERLAG

DIN VDE 0100-540 (**VDE 0100-540**):2012-06 Errichten von Niederspannungsanlagen – Teil 5-54: Auswahl und Errichtung elektrischer Betriebsmittel – Erdungsanlagen, Schutzleiter und Schutzpotentialausgleichsleiter. Berlin · Offenbach: VDE VERLAG

DIN VDE 0100-560 (**VDE 0100-560**):2022-10 Errichten von Niederspannungsanlagen – Teil 5-56: Auswahl und Errichtung elektrischer Betriebsmittel – Einrichtungen für Sicherheitszwecke. Berlin · Offenbach: VDE VERLAG

DIN VDE 0100-600 (**VDE 0100-600**):2017-06 Errichten von Niederspannungsanlagen – Teil 6: Prüfungen. Berlin · Offenbach: VDE VERLAG

DIN VDE 0100-710 (**VDE 0100-710**):2012-10 Errichten von Niederspannungsanlagen – Teil 7-710: Anforderungen für Betriebsstätten, Räume und Anlagen besonderer Art – Medizinisch genutzte Bereiche. Berlin · Offenbach: VDE VERLAG

DIN VDE 0100-718 (**VDE 0100-718**):2014-06 Errichten von Niederspannungsanlagen – Teil 7-718: Anforderungen für Betriebsstätten, Räume und Anlagen besonderer Art – Öffentliche Einrichtungen und Arbeitsstätten. Berlin · Offenbach: VDE VERLAG

DIN EN 60909-0 (**VDE 0102**):2016-12 Kurzschlussströme in Drehstromnetzen – Teil 0: Berechnung der Ströme (IEC 60909-0:2016). Berlin · Offenbach: VDE VERLAG

DIN EN 60865-1 (**VDE 0103**):2012-09 Kurzschlussströme – Berechnung der Wirkung – Teil 1: Begriffe und Berechnungsverfahren. Berlin · Offenbach: VDE VERLAG

DIN VDE 0276-603 (**VDE 0276-603**):2010-03 Starkstromkabel – Teil 603: Energieverteilungskabel mit Nennspannung 0,6/1 kV. Berlin · Offenbach: VDE VERLAG

DIN VDE 0276-1000 (**VDE 0267-1000**):1995-06 Starkstromkabel – Teil 1000: Strombelastbarkeit, Allgemeines, Umrechnungsfaktoren. Berlin · Offenbach: VDE VERLAG

DIN EN 60228 (**VDE 0295**):2005-09 Leiter für Kabel und isolierte Leitungen (IEC 60228:2004). Berlin · Offenbach: VDE VERLAG

DIN VDE 0298-4 (**VDE 0298-4**):2023-06 Verwendung von Kabel und isolierten Leitungen für Starkstromanlagen – Teil 4: Empfohlene Werte für die Strombelastbarkeit von Kabel und Leitungen für feste Verlegung in und an Gebäuden und von flexiblen Leitungen. Berlin · Offenbach: VDE VERLAG

DIN EN 60269-1 (**VDE 0636-1**):2015-05 Niederspannungssicherungen – Teil 1: Allgemeine Anforderungen. Berlin · Offenbach: VDE VERLAG

DIN VDE 0636-3 (**VDE 0636-3**):2013-12 Niederspannungssicherungen – Teil 3: Zusätzliche Anforderungen an Sicherungen zum Gebrauch durch Laien (Sicherungen überwiegend für Hausinstallationen und ähnliche Anwendungen) – Beispiele für genormte Sicherungssysteme A bis F. Berlin · Offenbach: VDE VERLAG

DIN EN 60898-1 (**VDE 0641-11**):2020-11 Elektrisches Installationsmaterial – Leitungsschutzschalter für Hausinstallationen und ähnliche Zwecke – Teil 1: Leitungsschutzschalter für Wechselstrom (AC). Berlin · Offenbach: VDE VERLAG

DIN EN 60898-2 (**VDE 0641-12**):2022-06 Elektrisches Installationsmaterial – Leitungsschutzschalter für Hausinstallationen und ähnliche Zwecke – Teil 2: Leitungsschutzschalter für Wechsel- und Gleichstrom (AC und DC). Berlin · Offenbach: VDE VERLAG

DIN VDE 0641-21 (**VDE 0641-21**):2018-09 Elektrisches Installationsmaterial – Leitungsschutzschalter für Hausinstallationen und ähnliche Zwecke – Teil 21: Selektive Haupt-Leitungsschutzschalter. Berlin · Offenbach: VDE VERLAG

DIN EN 60947-2 (**VDE 0660-101**):2020-11 Niederspannungsschaltgeräte – Teil 2: Leistungsschalter. Berlin · Offenbach: VDE VERLAG

DIN EN 60947-6-2 (**VDE 0660-115**):2023-10 Niederspannungsschaltgeräte – Teil 6-2: Mehrfunktions-Schaltgeräte – Steuer- und Schutz-Schaltgeräte (CPS). Berlin · Offenbach: VDE VERLAG

Literatur

[1] *Kasikci, I.*: Projektierung von Niederspannungsanlagen. 4. Auflage. München · Heidelberg: Hüthig, 2018. – ISBN 978-3-8101-0468-7

[2] *Kasikci, I.*: Kurzschlussstromberechnung in elektrischen Anlagen. 5. Auflage. Stuttgart: Expert, 2010. – ISBN 978-3-8169-3366-3

[3] DIN EN 60909-0 (**VDE 0102**):2016-12 Kurzschlussströme in Drehstromnetzen – Teil 0: Berechnung der Ströme (IEC 60909-0:2016). Berlin · Offenbach: VDE VERLAG

[4] *Kasikci, I.*; *Pantenburg, N.*: Koordination des Spannungsfalls in Niederspannungsnetzen (1). de – das Elektrohandwerk 89 (2014) H. 22, S. 30–33. – ISSN 1617-1160

[5] *Kasikci, I.*; *Pantenburg, N.*: Koordination des Spannungsfalls in Niederspannungsnetzen (2). de – das Elektrohandwerk 90 (2015) H. 4, S. 28–34. – ISSN 1617-1160

[6] *Pistora, G.*: Berechnung von Kurzschlussströmen und Spannungsfällen. VDE-Schriftenreihe 118. Berlin · Offenbach: VDE VERLAG, 2023. – ISBN 978-3-8007-5434-2, ISSN 0506-6719

[7] ABB: Technical guide. Electrical installation handbook – Protection, control and electrical devices. 6th edition. Bergamo/Italien: ABB SACE – A division of ABB S.p.A. L.V. Breakers, 2010

[8] Planung der elektrischen Energieverteilung – Technische Grundlagen. Firmenschrift. Erlangen: Siemens Energy Management Medium Voltage & Systems, 2018. – Artikel-Nr.: EMMS-T10007-00

[9] Technische Daten Haupt-Sicherungsautomaten Baureihe S700. Firmenschrift. Heidelberg: ABB Stotz-Kontakt, 2006. – Druck-Nr. 2CDC 415 008 D0101

[10] Projektierungshandbuch. Siemens AG, 10/2015

[11] *Kiank, H.*; *Fruth, W.*: Planungsleitfaden für Energieverteilungsanlagen, Konzeption, Umsetzung und Betrieb von Industrienetzen. Erlangen: Publicis, 2011. – ISBN 978-3-89578-359-3

[12] DIN VDE 0100 Beiblatt 5 (**VDE 0100 Beiblatt 5**):2021-06 Zulässige Längen von Kabeln und Leitungen unter Berücksichtigung des Schutzes bei indirektem Berühren, des Schutzes bei Kurzschluss und des Spannungsfalls. Berlin · Offenbach: VDE VERLAG

[13] DIN VDE 0100 (Normenreihe) Bestimmungen für das Errichten von Starkstromanlagen mit Nennspannungen bis 1 000 V. Berlin · Offenbach: VDE VERLAG

[14] SENTRON Schutzgeräte, Selektivität, Kompaktleistungsschalter 3VA, Projektierungshandbuch. Regensburg: Siemens Energy Management Low Voltage & Products, 2016. – Artikel-Nr. 3ZW1012-0VA20-0AB1

Formelzeichen

I_2	großer Prüfstrom
I_a	Abschaltstrom der Überstromschutzeinrichtung
I_B	Betriebsstrom
I_F	Fehlerstrom (kleinster Kurzschlussstrom)
I_{cn}	Bemessungskurzschlussausschaltvermögen
I_{cs}	Bemessungsbetriebskurzschlussausschaltvermögen
I_{cu}	Bemessungsgrenzkurzschlussausschaltvermögen
I_{cw}	Bemessungskurzzeitstrom
I_Δ	Strom bei Dreiecksschaltung
$I_{\Delta n}$	Bemessungsdifferenzstrom des RCDs
I_e	Einstellstrom
I''_k	Anfangskurzschlusswechselstrom
I''_{k1}	einpoliger Kurzschlussstrom
I''_{k2}	zweipoliger Kurzschlussstrom
I''_{k3}	dreipoliger Kurzschlussstrom
I''_{kQ}	Anfangskurzschlusswechselstrom
I_{LR}	Anzugsstrom des Motors
I_{LR} / I_{rM}	Verhältnis des Anzugsstroms zum Bemessungsstrom des Motors
I_n	Nennstrom, Bemessungsstrom der Schutzeinrichtung
I_r	Bemessungsstrom
I_{rM}	Bemessungsstrom des Motors, magnetischer Einstellstrom
I_{th}	thermischer Kurzschlussstrom
I_{thr}	Bemessungskurzzeitstrom
I_{thz}	thermisch zulässiger Kurzschlussstrom
I_Y	Strom bei Sternschaltung
J_{thr}	Bemessungskurzzeitstromdichte
l	Länge
P	Wirkleistung
P_0	Leerlaufverluste

P_{Cu}	Kupferverluste
P_{Fe}	Eisenverluste
P_{krT}	Kurzschlussverluste
$P_{\max}$	max. Bezugswirkleistung/Anschlusswirkleistung
Q	Blindleistung
R	ohmscher Widerstand
R_{G}	Resistanz des Generators
R_{L}	Leiterwiderstand
$R_{\mathrm{L}}, X_{\mathrm{L}}$	ohmscher, induktiver Widerstand des Leitungsnetzes
$R_{\mathrm{T}}, X_{\mathrm{T}}$	ohmscher, induktiver Widerstand des Transformators
$R_{(0)\mathrm{L}}, X_{(0)\mathrm{L}}$	ohmscher, induktiver Nullwiderstand des Leitungsnetzes
$R_{(0)\mathrm{T}}, X_{(0)\mathrm{T}}$	ohmscher, induktiver Nullwiderstand des Transformators
S	Scheinleistung, Leiterquerschnitt
S''_{k}	Kurzschlussleistung
S''_{kQ}	Anfangskurzschlusswechselstromleistung
S_{rT}	Bemessungsleistung des Transformators
t	Zeit
t_{ab}	Abschaltzeit
t_{zu}	zulässige Ausschaltzeit
ϑ_{a}	Anfangstemperatur
ϑ_{e}	Endtemperatur
U_0	Leiter-Erde-Spannung
U_{n}	Bemessungsspannung des Netzes
U_{nQ}	Bemessungsspannung des Netzes am Anschlusspunkt Q
u_{kr}	Bemessungskurzschlussspannung des Transformators
U_{rG}	Bemessungsspannung des Generators
U_{rM}	Bemessungsspannung des Motors
X	Reaktanz, Entfernung vom Fundamenterder
X''_{d}	subtransiente Reaktanz
X'_{L}	bezogener Blindwiderstand eines Leiters
Z	Impedanz
$Z_{(0)}$	Nullimpedanz

$Z_{(1)}$	Mitimpedanz
$Z_{(2)}$	Gegenimpedanz
Z_{F}	Fehlerimpedanz
Z_{G}	Impedanz des Generators
Z_{k}	Körperimpedanz
Z_{M}	Kurzschlussimpedanz eines Motors
Z_{PE}	Impedanz des Schutzleiters
Z_{Q}	Impedanz des vorgelagerten Netzes
Z_{S}	Impedanz der Fehlerschleife
Z_{T}	Impedanz des Transformators
Z_{V}	Vorimpedanz
$Z_{T\,LV}$	Impedanz des Transformators (LV)
$Z_{T\,HV}$	Impedanz des Transformators (HV)
$\Delta\vartheta$	Temperaturerhöhung
θ	Leitertemperatur
φ_{rG}	Phasenwinkel zwischen $U_{rG}/\sqrt{3}$ und I_{rG}
$\cos\varphi$	Wirkfaktor, Leistungsfaktor eines Verbrauchers
$\cos\varphi_{1/n}$	mittlerer Leistungsfaktor beim Zusammenschluss der Teilnetze 1 bis n
$\sin\varphi$	Blindfaktor
01	Bezugsschiene des Mitsystems
02	Bezugsschiene des Gegensystems
00	Bezugsschiene des Nullsystems

Abkürzungen

A	Aluminiumleiter
ASM	Asynchronmotor
D	richtungsabhängiger Kurzschlussschutz
DKE	Deutsche Kommission Elektrotechnik Elektronik Informationstechnik in DIN und VDE
DIN	Deutsches Institut für Normung
EN	Europanorm
EPR	Isolierung aus Ethylen-Propylen-Kautschuk
G	Erdfehlerschutz
HV	Hauptverteilung
HEK	Haupterdungsklemme
I	unverzögerter Kurzschlussschutz
IEC	Internationale Elektrotechnische Kommission
L	Überlastschutz
N	Neutralleiter
NB	Netzbetreiber
NSHV	Niederspannungs-Hauptverteilung
PE	Schutzleiter
PVC	Isolierung aus Polyvinylchlorid
RCD	Residual Current Protective Device
S	verzögerter Kurzschlussschutz
T	Transformator
VDE	Verband der Elektrotechnik Elektronik Informationstechnik e. V.
VPE	Isolierung aus vernetztem Polyethylen
Y	PVC-Isolierung

Indizes

(1)	Komponente des Mitsystems
(2)	Komponente des Gegensystems
(0)	Komponente des Nullsystems
a.c.	Wechselstrom
d.c.	Gleichstrom
n	Nennwert
r	Bemessungswert
t	transformierte Größe
G	Generator
HV	Hochspannung (High Voltage)
LV	Niederspannung (Low Voltage)
L	Leitung
LR	Anzugsrotor
k	Kurzschluss
K	Kabel
L1, L2, L3	Leiter des Drehstromnetzes
M	Motor
N	Neutralpunkt des Drehstromnetzes
Q	Anschlusspunkt der Netzeinspeisung
T	Transformator

Formelzeichen in der Elektrotechnik (IEC 60027)

c	Spannungsfaktor
I	elektrischer Strom
I_k	Dauerkurzschlussstrom
I''_k	Anfangskurzschlusswechselstrom
I_{LR}	Anzugsstrom
i_p	Stoßkurzschlussstrom
I_r	Bemessungsstrom
I_{rM}	Bemessungsstrom eines Motors
I_{th}	thermisch gleichwertiger Kurzschlussstrom
P	Wirkleistung
Q	Blindleistung
S	Scheinleistung
S, q	Querschnitt, Ausweichformelzeichen A
S''_k	Kurzschlussleistung
U_m	höchste Spannung für Betriebsmittel
u_{kr}	bezogene Kurzschlussspannung eines Transformators
u_{Rr}	Wirkkomponente der bezogenen Kurzschlussspannung eines Transformators
u_x	Blindkomponente der bezogenen Kurzschlussspannung eines Transformators

Stichwortverzeichnis